探秘亚马孙

Amazon Exploration

张树义 著

广西科学技术出版社

图书在版编目（CIP）数据

探秘亚马孙/张树义著．—2版．—南宁：广西科学技术出版社，2014.5（2020.10重印）
ISBN 978-7-5551-0121-5

Ⅰ．①探… Ⅱ．①张… Ⅲ．①热带雨林—南美洲—青年读物 ②热带雨林—南美洲—少年读物 Ⅳ.①S717.1-49

中国版本图书馆CIP数据核字（2014）第025772号

TANMI YAMASUN
探秘亚马孙
张树义 著

责任编辑：蒋 伟　　助理编辑：王滟明 聂 青 曹红宝
封面设计：古涧文化·任 熙　　内文排版：古涧文化
责任校对：张思雯　　责任印制：高定军

出 版 人：卢培钊
出版发行：广西科学技术出版社　　社 址：广西南宁市东葛路66号
邮政编码：530022
电 话：010-58263266-804（北京）　　传 真：0771-5878485（南宁）
0771-5845660（南宁）
网 址：http://www.ygxm.cn

经 销：全国各地新华书店
印 刷：天津兴湘印务有限公司
地 址：天津子牙循环经济产业园区八号路4号东区A-4-1　　邮编：301605
开 本：710 mm × 980 mm 1/16
字 数：100千字　　印 张：12
版 次：2014年5月第2版　　印 次：2020年10月第4次印刷
书 号：ISBN 978-7-5551-0121-5
定 价：58.00元

自序

Author's preface

那段刻骨铭心的丛林岁月

17年前，我曾在广漠浩瀚的亚马孙热带雨林进行过为期19个月的生态学研究和考察。第一次是独身，度过了7个月；第二次是和妻子王立新一起，共同在丛林里生活了整整一年。每每回想起那一段历史，真可谓刻骨铭心，终生难忘。

1989年7月，我到法国留学，第一年是在巴黎第十三大学攻读动物行为学专业的“深入研究文凭”。这是一个法国特有、为时一年、介于硕士和博士之间的文凭。这期间，我结识了后来指导我博士论文的沙何勒·多米尼柯教授。

沙教授在此之前带人在法属圭亚那原始森林纵深处开创了一个生态站，研究热带雨林中的动植物协同进化。这次的相识使我实现了一个梦想——走进亚马孙。对于研究野生动物生态学的人来讲，亚马孙无疑是个令人神往的地方。

数月后，我投师沙教授门下，在法属圭亚那热带雨林研究灵长类动物的行为生态及其与植物的协同进化关系。第一次进入雨林的时间是1991年4月初，在雨林里停留了7个月。这期间，立新一直在国内做硕士研究生论文。我几乎每天都给她写一点东西，现在翻出来重新看一遍，既像是两地书，又仿佛是科考笔记。

1992年7月，立新获得硕士学位后随我一同进入亚马孙。这一次，我们在丛林里共同度过了整整12个月。一年的时间，在人的一生中不算长，也不算短。但对我们来讲，哪一年的记忆都可能会被岁月冲淡，而在亚马孙森林中的这一年却永远都不会模糊。2002年5月，我第三次进入亚马孙，不过不再是法属圭亚那热带雨林，而是到了巴西的亚马孙河。我坚信，我今后一定还会再去亚马孙。亚马孙，是我的情结，也是我的见证。

毋庸置疑，许多人对亚马孙的想象可能和我曾经有过的一样：横悬的巨蟒、满口血腥味的鳄鱼、虎视眈眈的美洲豹、狂飞乱舞的吸血蝙蝠，还有头插羽毛、手持毒箭的印第安人。的确，早期的探险者普遍将亚马孙描写得肃杀恐怖，我想这可能有两大原因：一是当时的医学还不发达，不少探险者死于疟疾和黄热病等热带疾病，使人感到亚马孙是个死亡之地；二是活下来的探险者为了提高身价，或者扩大书的发行量，故意夸大了亚马孙的阴森恐怖。不过，亚马孙也的确有其特殊的野性。具体是什么？读了这本书，您便会知道。

前 言

Preface

被自然的博大美妙所震撼

张树义博士以执著的科学精神、对大自然高度热爱和非凡的勇气，作为第一个华人学者在南美亚马孙热带雨林中工作了近两年，完成了他关于动植物协同进化的博士论文。最近，他又以《探秘亚马孙》这本书为我们描述了他在亚马孙热带雨林中独特而有趣的经历。我和张树义博士是法国居里大学的校友；看到他取得的成绩，我备感高兴和亲切。我荣幸地作为《探秘亚马孙》最早的读者之一，为这本书作个简短的序。

《探秘亚马孙》是一本有趣的、老少皆宜的书。这本书在我们面前展现了南美原始森林中许多动植物的美丽图景：味道浓烈的野菠萝，缠绵多变的龟藤，在共生黄蜂帮助下繁殖的神秘的半寄生树；美丽的箭毒蛙，可爱的蜂鸟，浩浩荡荡的切叶蚁群，顽皮的卷尾猴，凶猛的美洲豹……博大精深的亚马孙，精巧无比的大自然！透过字里行间，我体味到作者对大自然的深爱。正如他与那只名叫杜戈的鸟，宛如父子或朋友般情深意浓。

《探秘亚马孙》也是一本美妙的科普书。作者通过趣味从生也不乏险象环生的描述，向读者们展示了动物研究工作者执著的精神、细微的观察、深入的思考和科学的分析方法。我是搞计算机科学的，不懂生物学，但也能从书中体验到“协同进化”实实在在的生物依据，及其理论上的深刻含义。正如书中所说：“大自然就是这样随着生命的进化将自身编织成一张错综复杂的网，所有的环节都是直接或间接地相关联。不仅动物与动物之间存在着食物链关系，植物与植物之间也有相生和相克，动物和植物也是相互依赖，协同进化。它似乎为每一个物种都做了精心的安排！大自然真是古朴的美、绝妙的诗、醉人的梦、神奇的谜!”

《探秘亚马孙》也是中国与法国科技合作的硕果。中国与法国有着传统的友谊，中法科技合作的前景是广阔的。我是一口气读完《探秘亚马孙》这本书的。掩卷沉思，我不仅为书中有趣的描述感到欢愉，更为大自然的精巧而震撼。大自然无与伦比的和谐是在数十亿年的进化中形成的。可是环顾我们周围的世界，大自然创造的最高级的生物——人类正在高速地毁坏自己赖以生存的环境。

人类文明发展才几千年，可多少像亚马孙那样的自然环境被彻底毁灭了？！人类大规模开采石油的历史才一百多年，但地球几十亿年来形成的石油资源已被消耗了一半以上! 国际人类基因组计划刚刚完成了对人类基因的测序工作，当然，这是具有划时代意义的工作，但立即就有人宣布：我们已经进入重新“设计生命”的时代。看一看像亚马孙那样在无人为干预下形成的精巧和美妙的原始森林吧。人类在干预自然的过程中是否应该谨慎、谨慎再谨慎?

值得欣慰的是，张树义博士在他的书中也表达了对保护自然的强烈责任感，他对自然的珍爱，他对目前国际社会非法买卖野生动物的担忧，他对天人合一思想的认同。这些，都使我产生了强烈的共鸣。

马颂德(欧美同学会留法分会会长)

再版自序

Reprint preface

重回努里格

2008年8月，带领万科董事长王石等一行7人，我重新回到阔别近十五年的努里格生态站。时光如梭，我已从当年的毛头小伙、博士研究生，成长为现在的华东师范大学教授。其间，一个偶然的机会，我结识了王石先生，带他和中国科学探险协会主席高登义教授等另外6位朋友造访这个位于亚马孙原始丛林中的生态站。

在法属圭亚那首府卡宴，我们乘坐两架直升机，直奔努里格。飞行在茂密的丛林之上，依旧心旷神怡，飘然若仙。亚马孙丛林中的河道蜿蜒逶迤，就像巨蟒游弋在漫无边际的绿色海洋。突然，前边出现了一片乌云，其实是不大的一片，驾驶员竟然也不躲避，直接驶入云中。立刻，直升机被笼罩在噼里啪啦的雨点之中。短短几分钟后，我们又从雨点中钻了出来，就在直升机前面似乎伸手就可以摸到的地方，出现了一道美丽的彩虹。

半小时光景，直升机徐徐降落在生态站的空地上。第一个迎上来的是我的老朋友——当地土著撒拉马干人维牟。没想到，十五年过去了，他依旧在此工作。但听说他的哥哥戴斯牟已经离开生态站，跟曾经在生态站做博士论文的法国美女阿妮娅结婚并且生了孩子。除了老朋友维牟，生态站还有两个巴黎实验室的同事正在此做研究工作，十多年不见，格外亲切。其中Fran ois FEER博士目前已经担任研究组长和项目负责人，这个项目组就是我当年就读博士研究生时所在研究组的延续，主要研究热带雨林的动植物协同进化。除了法国同事，还有来自美国等国家的一些博士研究生，论辈分，他们应该算是我的师弟师妹了。

第一个迎上来的是老朋友维牟。

跟新老朋友一一寒暄之后，我迫不及待地到生态站大本营的各个地方查看一番。整个格局基本没变，只是多了两个新的木房子和一个新的卫星通信设备。另外还有一个小变化，那就是吃饭的木房子旁边，悬挂了一个塑料容器，里面装着糖水，用来吸引蜂鸟。

蜂鸟来食花蜜。

傍晚，大家七手八脚一起做饭，包括色拉和主食。好不好吃先不说，至少吃饱是没问题。我在席间向大家介绍了到访的一个个中国客人。在生态站工作的来自各个国家的研究生和青年学者也进行了自我介绍。其中一个叫Cullen Geiselman的美国哥伦比亚大学女博士研究生是我的同行——研究蝙蝠对植物种子的传播作用。于是，很自然地，我们成了新朋友。

Cullen的博士论文的研究对象是一种食果蝙蝠——无尾长舌蝠，探讨它们造访哪些植物种类并且能将种子传播多远。她的假说是无尾长舌蝠的食谱在一年当中随着食物资源的变化而发生很大的变化，通过这些变化可以探讨由动物传播种子的植物种类与种子传播者之间具有怎样密切的协同进化关系。蝙蝠是夜行侠，整个夜晚不停地取食。所以天不亮的时候，就要到丛林中张网捕捉蝙蝠，蝙蝠会把刚刚吃过的食物排泄到布袋中；通过鉴定种子，就可以得知它们对那些植物种类所起的重要作用。

于是，到达努里格的第二个清晨，我便忙里偷闲，陪同她一起到森林张网捕捉蝙蝠。为了捕捉到不同的蝙蝠个体，Cullen每天都要移动网的位置。因为她平素是一个人工作，只能照顾两张网。目前布的网距离生态站大本营只有两百米的距离，一会儿就到了。杆子和网是前一天就安置好的，但网没有张开，以避免蝙蝠撞到网上长时间下不来而死掉。

到达后，Cullen熟练地将网张开，平展地悬挂在树木之间；两张网相距大约30米，以避免走动起来太花时间。把网张好之后，我们离开，以避免打扰蝙蝠；随后每隔十分钟左右在两个网之间来回巡视。大约半小时的光景，5只蝙蝠被捉住。天开始放亮了，我们带着战利品打道回府，当然，离开之前一定要

Cullen将雾网打开。

一只蝙蝠被抓住。

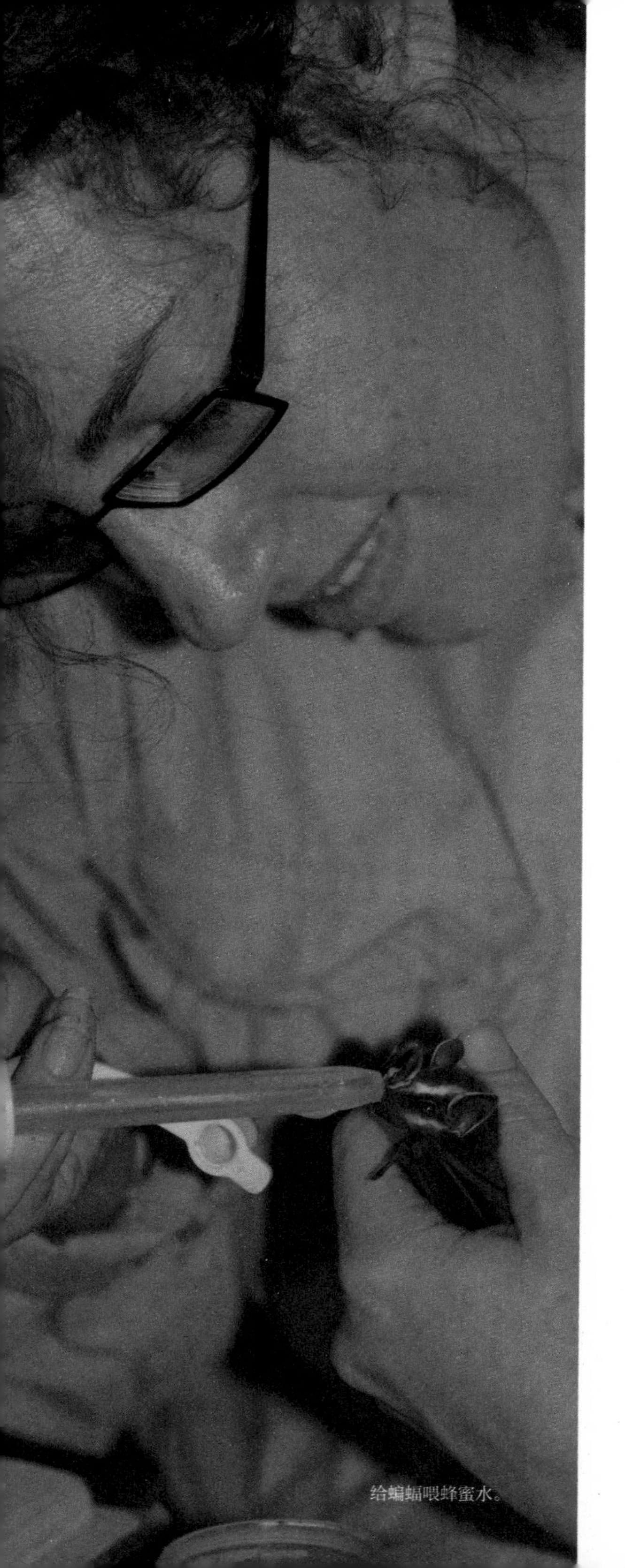
给蝙蝠喂蜂蜜水。

将网再次卷起来，以避免蝙蝠或鸟被挂住。Cullen大概会有点失望，因为我们抓到的不是无尾长舌蝠，而是三只平滑长舌蝠和两只尾皮蝠。回到大本营，草草地吃罢早餐，我们便开始了蝙蝠的加工过程：Cullen用弹簧秤称蝙蝠的重量，鉴定雌雄和是否为幼年个体；因为不是她所研究的种类，所以粪便没有被保留。我则用特制的打孔器在蝙蝠的翼膜上取了两个米粒大的样本——这一点样本既保留了它们的遗传信息，又不对它们造成伤害，因为一两周后翼膜就可以愈合。然后，Cullen用蜂蜜水喂了蝙蝠，让它们补充水分和能量。

五只蝙蝠很快就被加工完，我们下一步要做的事情就是将蝙蝠在捕捉的地点放飞。重新回到森林，Cullen将蝙蝠从布袋中慢慢取出放在手中，任由它轻盈地奔向自由；我则不失时机地按动快门，记录下这美好的瞬间。

随后，我又和我的导师一

起探访了生态站附近的两个洞穴。亚马孙森林通常很平坦，因此这里并没有真正意义上像中国西南部地区那样的大型洞穴，而是由庞大的石块构架而成的空隙。但正是由于缺乏洞穴，所以任何能够藏身的地方一定都栖息着蝙蝠。果然，在第一个小洞穴中，我拍到了几只兜翼蝠。这些蝙蝠很机敏，一旦发现有入侵者便快速飞到洞穴的另一端。由于洞穴很狭窄，我实在没法挤进去，便只好放弃。在另外一个更大一点的洞穴中，则栖息着更多的偏叶叶口蝠。这个洞穴的下方是深深的水潭，为了尽可能接近蝙蝠，我只好轻轻地下水，沿着边缘水浅的地方悄悄地靠近蝙蝠。蝙蝠发现了我的靠近，开始起飞；我则不失时机地按动快门，把一个个靓丽的画面保留下来。

除了跟Cullen一同研究蝙蝠，我也没忘记陪中国的朋友们观光。我们先是去看巨大的板状根和形形色色的藤本植物。在热带雨林，很多树的主干基部具有外露土面的板状根，它们是由粗大的侧根发育而来，构成扁平的三角形的板，有的高达三四米，显得颇为壮观。而那些木质藤本，有的从天而降，像一条条巨大的攀援绳索；有的竟然延绵数百米，从一棵树攀到另一棵树上，穿插在树冠的空隙中。当然，森林里的附生植物就更多了，它们分布在森林的各个层次，是热带雨林森林结构中一个特别的组成部分，稠密地覆盖在树枝和树叶上。

当然，我们也一定不会忘记爬裸山，这是生态站附近的最高点。站在裸山上，风和日丽的时候，能看出去20公里远。不过，亚马孙的天气就像小孩脾气，说变就变。刚刚还是火辣暴晒的阳光，顷刻间便是瓢泼大雨。我们几个中国的访客都没携带任何雨具，还是我的导师Pierre想得周到。他拿出雨衣，蹲在地上，连自己带我们的相机一同遮起来，否则我们的相机可真的要遭到灭顶之灾。

重回亚马孙的时光是美好的，也是短暂的。第四天的一大早，我们乘坐直

藤本植物伴着高大的乔木。

人与巨大的板状根。

森林里到处都是附生植物。

升机离开生态站。临行前，王石董事长拿出一面小旗子，上面印着“亚马孙的倒影”几个字。我不十分理解他的“倒影”涵义，但相信我们每个人都盼望这美丽的热带雨林能长久地存在于我们的星球上。

亚马孙之旅合影。

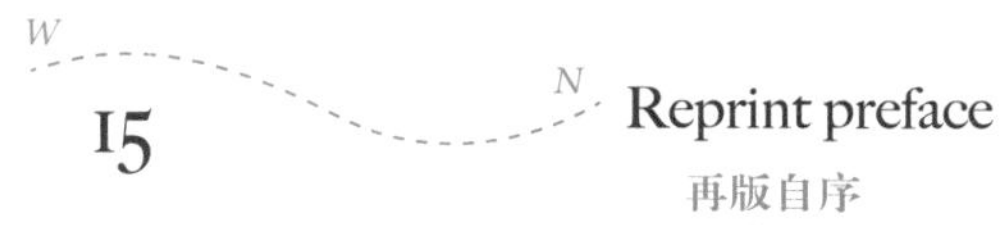

Contents
目录

01

第一节

Chapter01

奔向
法属圭亚那

靠着机窗俯瞰，蜿蜒的塞纳河变得越来越细小，飞机离开巴黎上空。

[俯瞰]

1991年4月8日早9点35分，天高云淡。从巴黎南郊的奥利机场，乘波音747，我飞往法属圭亚那。靠着机窗俯瞰，蜿蜒的塞纳河变得越来越细小，飞机离开巴黎上空。9个小时后，飞机抵达南美洲法属圭亚那的首府卡宴。

我在卡宴小憩了几天，并结识了几位在未来的几个月中将同在丛林里生活的朋友、同事。其中一位是长得很帅气、身材适中的法国女孩——阿妮娅，她刚20出头，妈妈是法国人，爸爸是英国人。另外两位是荷兰人，男的叫福朗斯，大约40岁，是瓦格宁根大学的教师。他脸庞红红的，说话略有口吃，接触不到3分钟便会让人感受到这是位不拘小节的好人。女的叫玛霞，30岁出头，金发碧眼，身材苗条，颇为秀气，甚至可以说有几分迷人。她是位业余或者说自由的野生动物研究人员，对两栖和爬行动物情有独钟。

还有一对撒拉马干丛林黑人兄弟——戴斯牟和维牟，他们40多岁，矮个子。由于对热带雨林非常之熟悉，身体又好，兄弟俩长期受生态站的雇用，做一些体力工作。此次航行，他们便是我们的“船长”和“大副”。

[南美洲]

南美洲热带雨林分布图

说起撒拉马干人，首先要谈谈南美洲的近代史。15世纪后半期，西欧的封建社会土崩瓦解，商业贸易蓬勃发展，而商品交换的手段是黄金，故此，这些大西洋沿岸国家渴望开辟通往中国和印度的直接航道，似乎那里有取之不尽的黄金。当时，人们已确信地球是圆的，意大利天文学家认为从欧洲朝西航海比朝东陆行到中国和印度的距离更近。于是，一个错误的判断导致了人类历史上的一个重大发现。

欧洲人的到来给在南美生活的印第安人带来了一系列灾难。苏联作家马吉多维奇在《世界探险史》一书中这样描写道：

“印第安人在数量上占优势，但使用的武器是原始的，而且不会打仗，只知道以密集的人群向西班牙人进攻。西班牙部队则分成若干不大的小队展开行动，选定能够发挥骑兵队作用的战地；骑兵队冲进印第安人密集的人群，用马

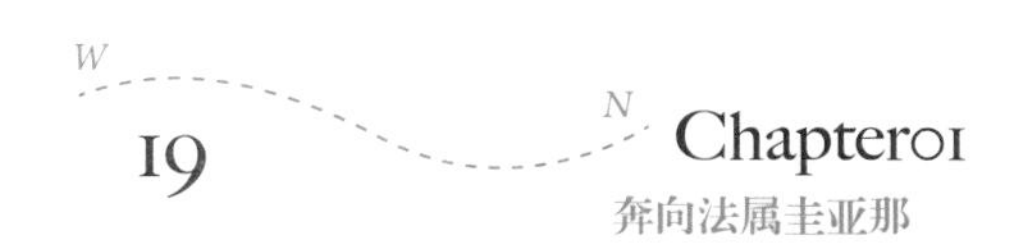

从飞机上俯瞰圭亚那，热带雨林像一片神秘的绿色海洋。

蹄把印第安人踩死；西班牙的猛犬更是把这些可怜的土著吓得胆战心惊。”

“占领者带来的传染病，特别是天花，也夺走了成千上万印第安人的生命。没有逃脱出西班牙人手掌的印第安人均沦为奴隶，被迫在种植园和金矿进行劳动。这些侵略者不仅用繁重的劳动把印第安人折磨得精疲力竭，而且还让奴隶们为其捕鱼和狩猎，或者用吊床把他们抬着周游四方。

“他们抓来了女奴给他们干家务活。为了寻欢作乐，他们甚至还把不幸的印第安人作为射箭的活靶子。”

“占领者用自己的马队、利剑和标枪对印第安人实行血洗政策。在这种情况下，印第安人也理所当然地杀死几个白人。于是占领者共同商议：如果印第安人杀死一个殖民者，那么殖民者一定要杀死一百个印第安人作抵偿。”

于是，一个又一个岛屿上的土著被灭绝了。由于南美洲印第安人数量骤减，而殖民者又需要奴隶到植物园和金矿干活，于是便从非洲掠了许多黑人到南美充当劳工，撒拉马干丛林黑人就是其中的一族。

今天的撒拉马干人已经无从知道自己的祖先来自非洲的哪一个国家，也不了解他们最早是在什么时候来到这块陌生土地的，唯一知道并引以为自豪的是这些先人不甘心做奴隶而从殖民者的庄园里跑入莽莽的原始丛林，流落和发展成南美大陆新的土著。

当历史由残酷的屠杀和奴役演变为和平，撒拉马干人也逐渐走出丛林，定居在与法属圭亚那相毗邻的苏里南。

撒拉马干丛林黑人没有文字，但却有本民族的语言，听起来似乎像是变形和简化的英语，他们的历史便是靠着一代代的口耳相传记录到今天。撒拉马干人的婚姻和家庭至今还保留着浓重的母系氏族色彩：一个家庭中母亲具有绝对的权威，可以随时放弃与之共同生活的丈夫而接纳新的异性，但每一时期只能有一个异性。孩子出生后通常跟母亲一起生活，很多人甚至根本不知道亲生父亲是谁。

[兄弟]

戴斯牟与维牟便是同母异父的弟兄，也分别与不同异性生育过儿女。他们哥俩原本生活在苏里南，由于那里的生活水平和工资较法属圭亚那低得多，故此到努里格来打工。

关于苏里南的撒拉马干民族，我在史学资料中查到这样一段相关的文字：这个民族在南美的历史可以追溯到1685年，当时，非洲黑人和当地土著的奴隶大逃亡，并形成一个新的社群部落。

在几代人的时间里，荷兰武装都试图要消灭这个部落，但一直未能如愿。1761年，欧洲白人放弃战争而选择了和平，撒拉马干人从此获得解放。

戴斯牟和维牟兄弟长期受努里格生态站雇用。他们是撒拉马干丛林黑人，对热带雨林非常熟悉。

【丛林知识】

南美洲的法属圭亚那

法属圭亚那位于南美洲东北部，它属于法国的领土，首府是卡宴。法属圭亚那北临大西洋，东、南与巴西接壤，西与苏里南相邻，面积9.1万平方千米。法属圭亚那人口不多，居民来自世界各地，主要包括克里奥尔人、印第安人、撒拉马干丛林黑人、法国人和华人。法属圭亚那早期居民是加拉尼印第安人。

法属圭亚那的近代史是欧洲白人殖民的一个缩影。17世纪初，法国人开始侵入这片新大陆；随后，英国、法国、荷兰、葡萄牙多次争夺，1676年最终成为法属领地；1852年，拿破仑三世决定把苦役犯监狱移到法属圭亚那；1938年，法国政府停止苦役犯流放制度；1946年，这片土地被确立为法国的“海外省”；1977年，法属圭亚那又成为法国的一个大区。

法属圭亚那境内沿海地势低平，南部是圭亚那高原向东延续部分，多丘陵、低山和瀑布。地处赤道附近，是典型的热带雨林气候，炎热多雨。首府卡宴平均年降水量可达3556毫米；森林面积约占全境面积的90%，是法国森林覆盖率最高的省份。卡宴是主要的贸易海港，附近的库鲁基地设有著名的空间研究站。

热带雨林土壤贫瘠，缺乏植物所需的养料，树木的根系不发达而常衍生出各种各样的板状根以固着植物本身。板状根由粗大的侧根发育而来，构成扁平的三角形的板，大大加强了巨树抵御风的侵袭的能力。

[丛林信件]

一切的开始

第一次进入亚马孙热带雨林，我感受了丛林生活的经历，也体味了长别离的思念。那个年代，电子邮件刚出现在大都市，努里格地处与世隔绝的原始丛林，还没有如此现代化的设备；当时虽然已经有卫星传输信号的电话，但价格十分昂贵，一个不名几文的中国留学生是无法承受的。所以，在7个月的时间里，我和妻子立新的交流只有鸿雁传书。不过，这倒也好，现在回顾这段历史，也拥有了一笔巨大的财富——厚厚的两沓书信。这里，我摘抄其中的一部分，可以最真实地反映我们当时的处境和心境。

立新：

你好！我终于到达法属圭亚那，就要开始亚马孙热带雨林的生活了！

法属圭亚那属于热带雨林气候，每年有8个月的时间是在降雨，但现在正处于一个短的、为时半个月左右的旱季，所以没有雨，天气很好。这里一年四季气温都很高，没有中国北方所熟悉的春夏秋冬之分。

四周到处长着各种各样的树木，都是我有生以来第一次见到的。可可、棕榈、许许多多的藤本植物，路边就长着很多香蕉和番木瓜。树上有很多鸟，漂亮得很，叫得也好听。此地与国内的时差是11个小时，从空间距离上讲，我们更遥远了。

今天傍晚，我通过导师的引荐结识了撒尼特博士，他50多岁，是法国环境部长在法属圭亚那的代表，相当于法属圭亚那环境厅的厅长。撒尼特已过世的祖母是中国人，他可能是继承了我们华夏子孙好客的基因，听说有个中国留学生来法属圭亚那做博士论文，非要见见面、招待一顿不可。我很感谢！

撒尼特先生外貌端正，五短身材，一看就是心宽体胖、心地善良的人。他的长相也的确能看出中国血统的影子，只是由于长期生活在热带，肤色比黄种人的黑。

树义

4月8日

写于卡安

第二节

Chapter02

初入丛林，领教雨林的雨

就这样，几小时的航程，身上的衣服是湿了干，干了湿，好一通折腾。

[阳光]

4月11日上午，带着行囊和一大堆食品，我们一行6人行船向生态站方向进发。戴斯牟和维牟不知从什么地方搞来一条木船，十几米长，涂着鲜红的颜色，有马达安在船尾。我们快速地将物品装入小船，马达便发动了。两位丛林黑人朋友看起来很有经验，戴斯牟在船头指挥，维牟在船尾操纵动力，小船急速地驶向前方。

赤道地区的太阳真叫毒，才十几分钟的光景，大家便不得不照料自己裸露

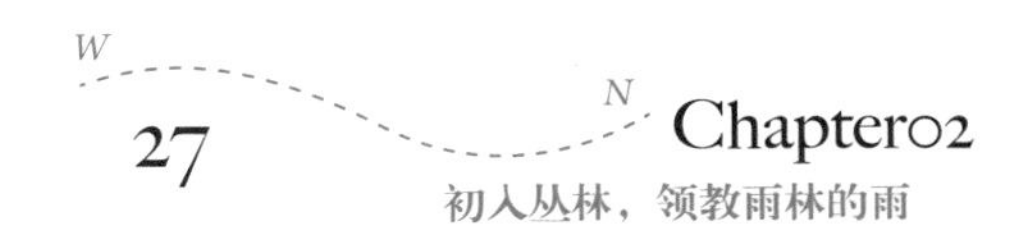

热带雨林的河道并非嵌在河槽里，而是近百米宽的水面与两岸的森林交融在一起。河道两边的树都长有修长的气生根，将树高高撑起。一些果实有长长的柄，垂落到几乎接近水面的位置，形成一束束倒影。

在外、被晒得发疼的皮肤了。只有这时，人们才能意识到黑皮肤在热带地区有多大的优越性。

更残酷的是“乘客”还不能打伞，因为这会隔断戴斯牟与维牟的视觉联络，而河道里有不少暗礁。于是，阿妮娅、玛霞、福朗斯和我4个人不约而同地换上长衣长裤，尽量裹得严严实实的，宁可出汗也不愿被阳光晒脱皮。

[雨]

不时地，几只羽色黑白相间的鸟嬉戏般地追逐飞快行驶的船，它们一会儿从我们头上掠过，一会儿又擦着水面激起串串浪花，我们的出现似乎给它们带来了新鲜和快乐。过了一会儿，天空飘来一片云，戴斯牟告诉大家尽快把相机和怕雨的东西收拾好。我似乎不太相信，就这么一小片云真的会有雨。

戴斯牟是我们的船长，他和他的同母异父兄弟维牟划船带我们进入努里格。

正在迟疑之间，豆大的雨点已经噼里啪啦地落下来。顿时，河面出现无数个麻点，雨滴与水面碰撞出一片弥漫的雾气。大家根本无处躲藏，只好掀起衣服盖住头，任凭雨水倾泻到身上。

两三分钟后，云朵飘走了，又是艳阳高照，船上的人却个个成了落汤鸡。戴斯牟和维牟只穿着背心和短裤，根本不在乎下不下雨，笑嘻嘻地拿我们四个逗趣。不过，好在这里的阳光烘干效果极佳，十几分钟的光景，衣服全干了。谁知，刚晴了没有多长时间，不知从什么地方又飞来一片云，接着又是一阵倾盆大雨，全船的人洗了第二次淋浴。

就这样，几小时的航程，身上的衣服是湿了干，干了湿，好一通折腾。而且，不仅上面的雨水搞得我们狼狈不堪，下面的河水也来找麻烦。原来，木船年久失修，从板缝中不断向船舱渗水。于是，我们4位“乘客”又多了一件活计：用小盆向外舀水。不过这倒也好，大家轮流“坐庄”，少不了开些“国际”玩笑。不知不觉中，时间飞快地过去了。

逆流而上，河道越来越窄，河床也越来越低，一块块硕大的石头和一片片滩涂不时突兀出河道。两岸的景色也变了样，气生根不见了，取而代之的是粗大的板状根。高大的树郁郁葱葱，耸立挺拔；有一些还开着花，姹紫嫣红地吊在水面上。花和树的影子倒映在水中，红花、绿林、碧水交织在一起，再配上蓝蓝的天空，真是诗情画意，美不胜收。偶尔，摩托船隆隆的马达声也会将正在石头上晒太阳的乌龟吓得连滚带爬地钻进水里，或者轰起一大群正在滩涂上休息的黄蝴蝶。

[松鼠猴]

忽然，维牟喊了一声："快看左边！"大伙的头齐刷刷地扭过去。

哇！是一群松鼠猴，至少有二三十只。它们的体型大小如猫，蹿蹦跳跃的灵巧劲儿宛如松鼠。这些猴子的颜色很鲜艳，身体灰黄，黑色的嘴唇和鼻孔就像刚刚触过黑墨水瓶似的，十分逗人喜爱。

松鼠猴是卷尾猴类中最小的一种，常成群结队出游，有时一个家族群的成员可达近百只，在丛林中十分引人注目。此外，它们还有个特殊的习性，喜欢在河流附近的森林里活动，也许是因为这类生存环境中的天敌相对较少。

维牟将船速减慢下来，以便让大家好好地观察，松鼠猴们却不理解我们的意图，连蹿带蹦地向密林深处遁去。亚马孙的动物种类异常丰富，因为森林茂密，加上河滩地带河水定期泛滥，迫使许多动物必须学会攀缘。而树枝和藤本植物承受不住重物的压力，所以动物一般体型较小且生活在树上。

逐渐地，河道变得越来越狭窄，而且曲折多弯，好几处竟成了曲别针状，水流湍急。在一个个拐弯处，小船被旋涡卷得难以控制，顺着激流颠簸起伏。戴斯牟沉着镇定，稳坐船头，左起右落，尽力将船稳住。突然，前方出现了一个急转弯，河道仅有二十几米宽。它的左侧完全被沙石淤住，右侧靠近石壁的水流很汹涌，一个个漩涡清晰可见。维牟似乎想避免船触到岩石上，把船稍微偏左了一些，没想到船竟一下子搁浅了。戴斯牟试图用撑杆将船推入深水处，一下、两下、三下，用尽了力气，还是没能成功。

于是，几位“乘客”都跳入水中推船。大家几乎使出了吃奶的劲儿，一点点地向前移动。维牟也加足了马力，猛地，船冲进了深水，我赶紧抓住船帮，只觉得身后的水在向下旋。我陡然紧张起来，用手拼命地把住船帮，生怕被漩涡卷走。维牟从船后方冲过来，用力将我拉起——好险！

傍晚，天已经快黑了，船到达了一个废弃的中转站。沿着崎岖的小道，用头灯照着路，大家以最快的速度将物品从小船卸到岸边，盖上帆布，以防下雨。雨林里的雨，也的确是说下就下，刚收拾停当，瓢泼大雨便脚跟脚地到了。还好，中转站废弃的房间里有几根比较干燥的树枝。大家点燃篝火，围坐在一起，吃着各种各样的罐头食品，一边谈笑，一边欣赏雨水敲击房顶发出的噼里啪啦的响声。

松鼠猴体型大小如猫，蹿蹦跳跃的灵巧劲儿宛如松鼠。这些猴子的颜色很鲜艳，身体灰黄，黑色的嘴唇和鼻孔就像刚刚触过黑墨水瓶似的，十分逗人喜爱。

【丛林知识】

南美洲被侵略的历史

1492年8月，哥伦布率领一支由3条船、90名船员组成的船队寻找通往印度的最短航线。两个多月后，哥伦布的船队漂泊到了他当时认为是“西印度”的南美大陆，欧洲人第一次见到了红皮肤的“印度人”（印第安人）。哥伦布在日记中这样描述与印第安人相遇和交往的情形：“我感到他们是一些贫穷的人。 他们光着身子走路，简直是赤身露体，一丝不挂。他们的体态很好看，身材和脸型很美，头发乱蓬蓬的，一些人的脸绘制着图形，另一些人全身上下都画着图案，还有一些人只化妆了眼睛和鼻子……他们没有携带铁器工具，因为他们还不知道炼铁。当我把利剑给他们看时，他们赞赏剑的锋利，并在无意中割破了自己的手指。我给了他们一些圆形帽、玻璃念珠和另一些价值低廉的东西，而他们对我们的友好态度则令人惊讶，给我们带来了鹦鹉、棉线、标枪和其他许多东西。”逐渐地，堂皇的不平等交易演变为公然的抢劫，哥伦布记载道：“印第安人是这样诚实浑厚，而西班牙人却是这样贪得无厌，好像欲望永远得不到满足。”

1493年3月，哥伦布带着强取豪夺的黄金、奇花异果、珍禽羽毛和几个印第安人返回了西班牙。整个世界轰动了！印第安人的灾难也降临了！随后，哥伦布又对南美洲进行了第二次和第三次探险。其他西班牙人以及欧洲其他国家的冒险家也争先恐后地拥向新大陆。这时的每次探险，不仅有士兵、侍卫、贵族、官员、神父和主教，还有训练有素、个头很大的猎狗，专门用来捕猎土著。在造访南美诸岛的过程中，哥伦布在日记中是这样记载的：“所见到的岛屿一个比一个好。无数的独木舟尾随着我们的船只，印第安人款待基督教徒们，给他们送来食物，像尊重他们的父亲一样地尊重这些外来人。”而西班牙士兵则是“分散到全岛各处，抢劫财物，强奸妇女。因此，有的士兵被印第安人杀死了”。于是，侵略者的征服行动开始了。

03

第三节

Chapter03

热带雨林，难以名状的奇特世界

宝石蓝的蓝闪蝶在翩翩地飞来飞去；精灵般的蜂鸟簌簌地从身边飞来掠去；忽然出现一双大眼睛，原来是翠绿的藤蛇从树上探下光亮的脑袋……

[附生植物]

第二天一觉醒来，天已经大亮。快速吃罢早饭，由戴斯牟带队，我们每人携带一个随身的行囊，朝努里格生态站的方向进发。中转站只留下维牟一个人，以便将物品搬到直升机降落的空地附近，直升机将会前来运送物品。

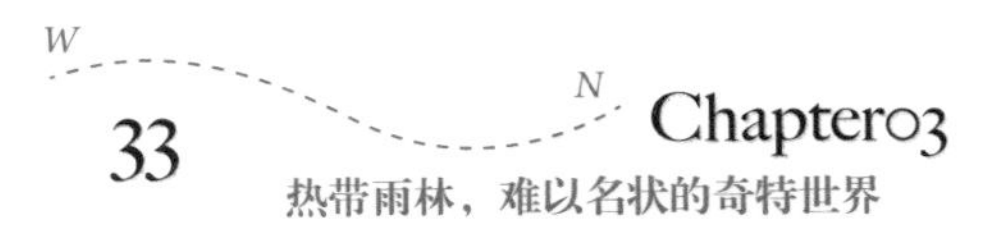

附生植物是热带雨林结构中一个特别的组成部分。全世界共有65科850属约3万种附生植物。在热带雨林，这类植物大约占植物种数的一半。这类植物具有迅速汲取和收储雨水的器官和组织。在热带雨林中，附生植物有时稠密地覆盖在树枝和树叶上，其间偶尔还夹杂着灌木和小乔木，构造出一座座“空中花园”。

第一次步入雨林，感觉这真是一个难以名状的奇特世界。

潮湿的空气夹杂着浓郁的泥土味，使人有点儿喘不过气来。弯绕盘曲的葛藤爬满了粗粗细细、高高矮矮的树，让人辨不出东南西北。站在五六十米甚至更高的大树下，感觉自己真的是很渺小。

地上铺满了落叶，随便行走一下，仿佛是踏在厚厚的海绵上。纵横交错的树根暴露在地面之上，盘根错节，千姿百态，更增加了神秘莫测的气氛。其中有一些树的主干基部具有外露土面的板状根，它们是由粗大的侧根发育而来，构成扁平的三角形的板，有的高达三四米，颇为壮观。

热带雨林里有很多种蛇生活在树上。由于林中有藤蔓植物，藤蛇藏在林中很难被发现。

这种角蛙，体色与枯叶极其相似，脑后长着一对凸出的角，仿佛是翘起的枯叶片。

[第一扇门]

开始时，我们5个人还有说有笑。没走上几十分钟，我们来自不同国家的4个城里人便开始浑身冒汗，话也越来越少，能量都集中在腿脚上了！此刻，只剩下戴斯牟最活跃，他似乎永远都不知什么是疲倦，不停地开着各种各样的玩笑，有语言的，也有动作的。

有一条硕大的藤像个吊环一样从树上垂下来，拦在路上，等别人都慢慢地从旁边绕过去，戴斯牟才轻轻一推，径直地走过来，并且告诉大家，这是通往努里格的“第一扇门”。

一棵大树的树皮颜色有些怪异，他走过去用砍刀剥下内层的一块，告诉我们肚子疼的时候可以嚼一嚼。我放在嘴里一尝，苦不堪言。不知别人怎么想，我可是宁可肚子疼也不愿意嚼这么苦的东西。

除了我们几个行人的脚步声，周围的世界静得出奇，偶尔一连串悠扬清脆的鸟鸣更增添了几丝幽寂。

不过，只要仔细观察，便会发现到处是生机：宝石蓝的蓝闪蝶在翩翩地飞来飞去；精灵般的蜂鸟簌簌地从身边飞来掠去；忽然出现一双大眼睛，原来是翠绿的藤蛇从树上探下光亮的脑袋；更令人诧异的是一片“枯树叶”在地面上蹦来跳去，原来是角蟾在捕捉小猎物；还有一种细长的褐色蜥蜴，不时地从落叶中蹿出来，奔跑一段，又忽地停下，急速消失在枯叶下。

[到达]

雨林雨林，无雨便不成为林，亚马孙的暴雨总是来得很快。一阵疾风之后，便是噼里啪啦的雨点，还没等人们作出反应，又干净利落地消失了。随后，晶莹的雨珠便会稀稀落落地从叶尖掉下来，落在松软的腐殖质表面，发出无休止的滴答声，也叫人产生几丝凉意。

3个多小时后，终于到了有字母和数字标记的小路上。不用说也猜得到：生态站就在眼前了。果然，又行走了二十几分钟，我们的眼前一下子敞亮起来，出现了一大片开阔地带——生态站大本营到了！

放眼望去，努里格生态站的设备很简单，主要建筑物是几栋木结构的房子。一个棚子下面有一个小太阳能发电机，另一个棚子下面是以柴油为动力的冰柜，还有一个用棕榈条编制的露天淋浴围栏。

距离空地最近的一栋木房子是个两层建筑，下面一层是库房，堆放着食品和用品；上面一层是餐厅，摆满了锅碗瓢盆，还有一些书籍。另外三栋木房子都是住宿用的，有的挂着蚊帐，摆着鞋子和衣物，说明已经有主人了。

在距离空地最远的一侧还有一个看上去很别致、完全是用棕榈的枝叶搭起来的小房子，土著味道很浓，不用说，那肯定是戴斯牟和维牟的“别墅”了。

【丛林知识】

『亚马孙』到底是哪里

亚马孙一词包含了三个不同的概念：

第一是众所周知的亚马孙河，它是南美洲最大的河流，世界第二大河。

第二是亚马孙平原，本意是指由亚马孙河及其支流灌溉的森林平原。

第三是亚马孙热带雨林，范围超出了亚马孙平原，泛指与亚马孙平原的森林类型相同的南美热带雨林生态系统。

翠绿色是藤蛇的保护色，若不仔细寻找，在藤条遍布的森林里是很难找到它们的。

[丛林信件]

难忘的系吊床

立新：

我终于到了生态站。直升机快来了，我将请驾驶员将这封信带出去寄给你，下一封信得半个月之后才能出站。我们目前的通信交流更慢了，从努里格到卡宴，再到巴黎，再到北京，最后抵达长春，一个单程需要差不多三周的时间。可能是天太热的缘故，或许是水土不服，我的嘴上起了很多泡，身上也晒黑了许多——这里的阳光的确厉害。

我昨天上了丛林里的第一课：系吊床。在丛林里，没有人使用席梦思，一方面因为运输不方便，更主要的原因是雨林里到处是蛇，睡在地上容易遭受袭击。吊床则好多了，找两棵树，一系便可。

原本以为系吊床再简单不过了：拿根绳，两头一系就得了呗！结果：第一次，系是系上了，往上一坐绳子便松开了。好在是试探性地往吊床上释放重量，才没闹出个屁股蹲儿。

第二次，总结了经验，将绳子着实地在房梁上绕了几圈儿，连打了几个结。谁知，往上一坐，绳子是没松开，吊床中部却贴到了地面。原来吊床是新的，弹性很大。

第三次，解开一端的绳子，再调整，再试，先前的问题没了。我逐渐放大了胆子躺进去。嗯！感觉不错！谁知，刚要翻身，吊床一下子倾斜了，人差点儿从吊床里滚出来。

关键之际，还是戴斯年出手相助，他告诉我如何将吊床理顺、摆平，再如何打结。看来，与城市里习惯了的生活相比，在雨林里要学的东西还多着呢！

树义

4月12日

写于雨林中的中转站

04
第四节
Chapter04

告别现代文明，开始丛林生活

亚马孙雨林有很多特有的动物，树懒、美洲豹、食人鱼、森蚺……想到很快要与这些生物面对面地生活，我感到一阵心跳。

[直升机]

我们几位“行者”卸下行囊，同努里格生态站的“前辈”们一一见过。正在寒暄之际，忽听由远而近传来轰鸣的马达声。

“直升机！”不知是谁用法语喊了一声。

顷刻间，生态站大本营热闹起来，人们向空地围拢过去。直升机像一粒小豆豆，出现在森林的边际；逐渐地，小豆豆变得越来越大；又过了一会儿，直升机便悬在了空地的上方。螺旋桨转动时形成的巨大风力将空地上的泥土和杂

生态站的给养全靠直升机运送进来。

物吹得四处飞扬。徐徐地，它落在了空地上。舱门打开，飞行员第一个跳下来，向大家挥手致意；再打开后舱的门，沙教授从里面跳下来。紧接着，大家快速地将装满汽油和柴油的铁桶卸下来。

直升机的货舱空了，下一步需要的是到中转站运输停放在那里的给养。我的导师很善解人意，让我钻进直升机的前座。直升机飘飘悠悠而又稳稳地起飞了，顷刻间便离开地面几十米。

[空中飞行]

第一次做这种颇具刺激性的飞行，免不了有些异样的激动。直升机飞得不高，脚下的一切都看得清清楚楚。这就是广漠的亚马孙热带雨林，郁郁葱葱，无边无际；在万绿丛中不时也会见到一点红，那是树上挂满了的鲜花。

河道嵌在雨林里，犹如蜿蜒的巨蟒缓缓地游走着。轻盈地荡漾在这波澜壮阔的绿色海洋中，领略大自然的磅礴气势，仿佛是驾驭了整个世界，飘然欲仙之感油然而生。

亚马孙流域植物种类之多居全球之冠。许多大树高60多米，遮天蔽日。俯瞰丛林，只能看到雨林的最高一层——树冠层。雨林生物种类丰富，从树冠到地表由高至低分成很多层，葛藤、兰花、凤梨科植物争相攀附高枝生长，其间栖息着蝴蝶、蜂鸟、金刚鹦鹉、蝙蝠、树懒和猴子，充满了生机；陆地则生活着水豚、犰狳、貘、美洲狮、美洲豹等等。

与陆地相比，亚马孙及其支流的生物多样性同样很丰富，这里生活着大约2500种鱼，诸多的淡水龟以及凯门鳄，还有水栖哺乳类动物如海牛、淡水海豚等。当然，其中最具代表性的当属食人鱼、电鳗和森蚺。一想到很快要开始与这些生物面对面地生活了，我感到一阵心跳。

[补给]

中转站到了，维牟等候在空地旁边。直升机慢慢地降落，飞行员迅速打开舱门，刚跳下去，便“啊”地大叫一声。我吃了一惊，以为发生了什么意外，可又出不去。

透过玻璃窗，根据驾驶员抱头逃窜的动作，我判断他是遭到了马蜂的袭击。看来问题不是很严重，他很快转过来打开我的舱门。有了前车之鉴，我跳出舱门便抱头而逃。还是维牟有经验，很快发现了马蜂的巢穴。好在巢穴不大，离直升机还有一段距离，马蜂没有倾巢出动，可能是刚才直升机降落时的巨大风力惊动了一部分个体。

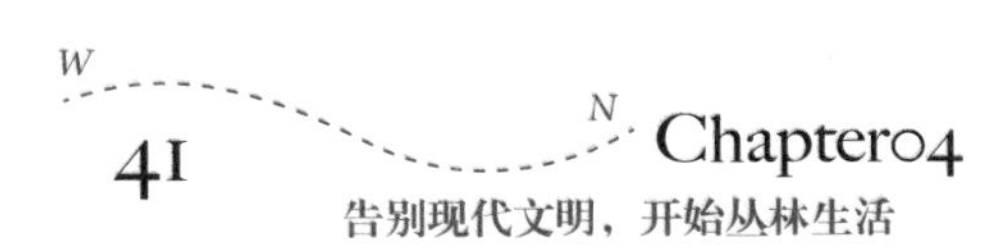

太阳能发电机出了问题，我的导师这位“全能高手”去修理。只是阳光太毒了，他戴着帽子套着毛巾，像个战争片中的日本宪兵。

顾不上多想，我们抓紧时间将物品搬进货舱。直升机再次起飞，又是几分钟过去，前方隐约出现了一座突兀的裸山。

不知是为了试探我这个远道而来的黄皮肤的胆量还是想炫耀一下自己的超群本领，驾驶员故意不着急降落，而是驾着直升机紧贴着花岗岩石壁绕裸山兜风。飞到“悬”处，机体与石壁的距离仅有一米远，我真担心与他同归于尽在这异国他乡。

再眨眼的工夫，一片空地、几幢木房子和几个“小矮人”便显现在下方。后来，我了解到，这个飞行员曾经在军队里开了十几年的直升机，飞行技巧十分高超。

据说有一次卡宴的民众上街游行，阻塞了交通，而他家中刚好有急事，他竟把直升机开到自己家的花园里。曾经有一个驾驶员失事后，是他开着直升机把另一架直升机的残骸从森林里吊了出来。

如此反复了两趟，中转站所有的物品都被运回努里格生态站。随后，直升机载着空油桶以及罐头盒、玻璃瓶之类降解不掉的垃圾飞走了。生态站恢复了宁静。

【丛林知识】

努里格不是一个普通名字

“努里格”不是一个普通名词，它是200多年前生活在这里的印第安部落的名字。自从哥伦布发现了新大陆，欧洲白人侵入这个世界，先是用刀枪和猎狗直接屠杀了大批印第安人，随后他们传播的疾病更使得一个个土著部落逐渐地销声匿迹，其中就包括努里格。

于是乎，不知是为了怀旧的纪念还是出于伤感的反省，生态站就起了这个名字。在生态站附近的山洞里，我见过努里格印第安人曾经用过的泥瓦罐；在溪流旁的石头上，迄今还清晰地保留着逝者磨石器的痕迹。值得庆幸的是，人类毕竟在进步，努里格的生存地终于演化成为一个祥和的地方，动植物和谐地共存，现代人与大自然相互尊重，融为一体。

努里格生态站位于亚马孙原始森林深处。它是1987年，由我的导师、法国著名动物生态学专家沙何勒·多米尼柯教授为研究热带雨林生态系统中的动植物协同进化等问题创建的。

05

第五节

Chapter05

第一个丛林之夜，在野兽的咆哮声中度过

也许它们不会来生态站，况且即使来了也未必单单吃掉我这个远道而来的黄皮肤。

[夜晚的故事]

在努里格的第一个夜晚，我被一阵低沉、洪亮的吼声惊醒，呜……呜……的吼声忽高忽低，此起彼伏，久久地回荡在森林里。“一定是人们谈之色变的美洲豹!”我下意识地想。轻轻撩起蚊帐，东张张西望望。

东边的蚊帐里是法国女学生阿妮娅，西边的蚊帐里是我的导师，他们都睡得好好的，沙教授的蚊帐里还传出颇有力度的呼噜声。再抬头望望，隔壁的两个帐篷住着几个来自荷兰的博士和硕士研究生，斜对面的小房间是戴斯牟和维牟，他们都没有任何异常反应。

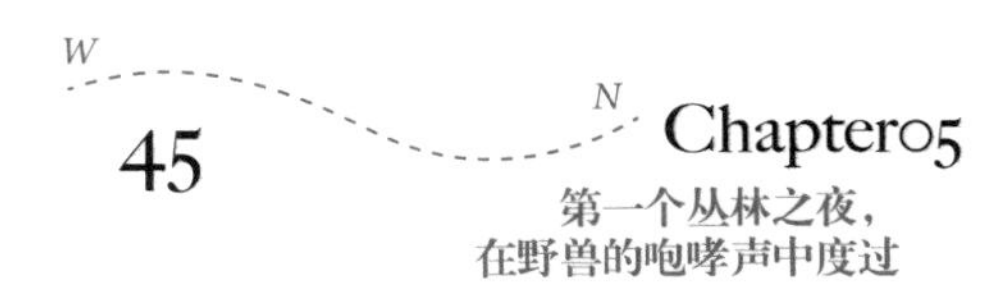

闲暇的时间里，我们这些在努里格工作的研究者喜欢聚在一起聊天，各种文化大交汇。我称这种活动为“努里格沙龙”。

“也许它们不会来生态站，况且即使来了也未必单单吃掉我这个远道而来的黄皮肤。”这样想着，我又重新躺进吊床里。白天爬了几个小时的山路，自然是疲惫得很，我很快便又进入了梦乡。第二天一大早，吃饭的时候，人们谈论起夜晚吼猴的叫声，我才恍然大悟：真是“吼”不虚传！

后来，法国高等师范学校的女博士生玛蒂尔德给我讲述了她来生态站的第一个夜晚更“惨”的故事。

夜深人静，她突然不知怎么搞的从吊床上摔了下来。半梦半醒之中，她听到惊天动地的吼声。她当时真的不知所措，又实在难为情叫醒别人问个究竟，便顺着梯子爬上餐厅的二楼，在餐桌上度过了难熬的雨林第一夜。其实，玛蒂尔德当时还不了解美洲豹，这种猛兽虽然体型很大，却也灵活得很。区区二层楼，别说还有楼梯，就是没有也休想难得住它。

[吼猴]

关于吼猴的故事的记录可以找到很多，一个法国探险者在考察记中这样描述与吼猴的第一次相遇：

“忽然，从岸边传来类似虎啸的声音，从声音上判断，一定有一大群野兽在厮打。我们在纵横交错的枝条间缓慢地向发出声音的地方行进，前面的吼声越来越响，在树林中引起持久的回音，淹没了林间的鸟叫声。随着我们向啸声的靠近，我的心仿佛要从嗓子眼里跳出来似的。估计前面起码有十多只野兽，真叫人胆战心惊。”

很多初入雨林的人都纳闷儿，吼猴天天伸着脖子吼什么？而且偏偏爱在早晨起来或者晚上睡觉之前，搞得人提心吊胆、诚惶诚恐的。其实，吼猴的吼叫不是无谓的喧闹和浪费能量，而是有非常重要的目的。

它们一般过着七八个成员组成的家族群生活，每群的领地相对较小，相邻群体之间的领地往往有重叠。当一个猴群接近另一个猴群的领域时，作为“地主”的吼猴就会发出示威性的吼声。吼猴吼叫时，由吼声最为洪亮的成年雄猴率先奏响序曲，可能是为了调动其他成员的情绪。随后，其他成员开始合奏，激昂的吼声似乎在向相邻的猴群宣布：“这里是我们的领地，不准侵入!”

如果邻近的猴群逾越边界线，当地的家族群与入侵的家族群之间就要展开一场激烈的“吼战”，但它们通常不会发生肉搏。吼战似乎是以吼声的大小和吼叫的时间长短分胜负，如果当地家族群的吼叫压倒了入侵家族群，那么后者就会乖乖地退出边界线；反之，前者只好乖乖地将自己的地盘让出来。

（上）吼猴主要吃嫩叶，也喜欢吃成熟的野生水果，这些素食所含的能量很低，所以吼猴为了维持能量平衡，一方面大量进食，另一方面降低日常活动，减少能量消耗。也同样是因为这个缘故，吼猴运动速度缓慢，每天的移动距离很短。雨林里一年四季树叶充沛，吼猴用不着为摄食而奔波，所以它们将白天的大部分时间用来晒太阳和睡觉。

（下左）吼猴的身体结构完全适应了树上的生活。

（下右）吼猴睡觉的时候往往用尾巴将自己“拴”在树干上。

长期的自然选择就是这样让自然界的许多动物以仪式化的战斗形式取代了直接的肉体冲突，从而降低了种群内部的损耗。久而久之，吼猴为了维护自己的生存空间，即便在没有其他猴群侵犯时也会不断地吼叫。

它们选择森林里最为寂静之时吼叫，这时吼叫声可以传出的距离最远。实际上，这也是一种以攻为守的战略，意在告诫相邻的竞争对手：我们还在，不要觊觎我们的地盘。

吼猴主要吃嫩叶，也喜欢吃成熟的野果，这些素食所含的能量很低，所以吼猴为了维持能量平衡，一方面大量进食，另一方面降低日常活动，减少能量消耗。也同样是因为这个缘故，吼猴运动速度缓慢，每天的移动距离很短。雨林里一年四季树叶充沛，吼猴用不着为摄食而奔波，所以它们将白天的大部分时间用来晒太阳和睡觉。

吼猴的食物中含有颇多的水分，所以不需要下地饮水。由于每个家族群的成员不多，而且吃喝问题容易解决，吼猴没必要花大气力占据大的领域，每个家族群的活动范围一般只有40~50公顷。对这块生存空间它们坚定地保护着，一旦被冒犯，便以惊天动地的吼战来捍卫。

在所有灵长类动物中，吼猴的叫声最洪亮。这是因为吼猴有一个宽阔的下颌，下颌围住一个膨胀的卵形喉头，喉头里的舌骨形成了一个共振箱。吼叫时，声带振动发出的声音通过共振箱变得十分深沉和洪亮，在离它5千米的范围内都可以听到。

吼猴虽然吼声响亮，但平素大多时间都很安静，看上去很温柔。然而，就是在这貌似温柔的社会里，不时也会发生残忍的弑婴行为：新上任的雄性猴王往往将前任猴王留下的嗷嗷待哺的骨血杀掉。

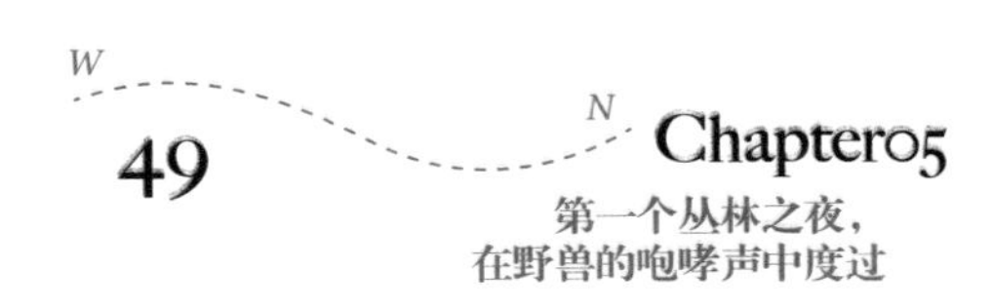

由于新猴王的弑婴行为采取的大都是突然袭击，所以婴猴妈妈对孩子的保护一般难以奏效，相当多的婴猴逃脱不了被杀戮的厄运。

关于弑婴现象，动物学家最初难以理解这种残忍的行为。后来基因的自私性理论为这一行为找到了说法：消灭未断奶的婴猴，雄性猴王就可以迫使成年雌猴终止哺乳，而尽快进入新一轮发情、交配、怀孕、产崽的繁殖过程，一个家族的新首领便可以把自己的基因传播下去。

那么，雄猴王荼毒生灵之后，雌猴为什么还和凶手交配呢？是忍气吞声还是心甘情愿？事实上，雌猴根本无法拒绝和弑婴的雄猴交配，它必须交配、繁殖，否则就会因自己生的儿女少而被与其竞争的其他雌猴击败。从根本上讲，弑婴之所以能存在，也可以说是雌猴为了生育而相互竞争的结果。

在某些灵长类动物中，为了避免雄猴残杀自己的儿女，雌猴采取乱交的策略：与几个雄猴交配，混淆父亲的资格，使得雄猴无法对婴猴诉诸武力。

还有的灵长类动物更是技高一筹：一只与雄性猴王交配怀孕的雌猴，一旦雄性猴王被新的雄猴所取代，它就会伪装发情，引诱新猴王与它交配，使这位雄性新贵相信生下来的婴猴是自己的后代，这样它就不会去杀害婴猴了。

【丛林知识】

『自私的基因』与利他行为

众所周知，基因是DNA片断，是一代接一代地传递下去的。它们有能力在数百万年甚至更长的时间，通过精确地复制自身的形态来延续。

事实上，每个生命只是暂时存在于世的基因的载体。基因是否可以不灭，取决于它们短时间寄居的载体，或者长时间连续不断寄居的一个又一个载体。成功的基因使得一个又一个载体长期不断地传递它们，也就是那些善于存活和生殖的基因。

动物照料自己的后代，从生物个体的角度来看，是一种利他行为。但正是因为基因控制着这种行为，才能通过动物照料后代的行为完成自身的复制，使自身得以生存。

还有更典型的利他行为：蚂蚁社会的工蚁不参与繁殖却照料蚁后产出的后代；有些鸟也心甘情愿地做繁殖鸟的帮手。其实，无论弑婴也好，帮手也好，这些五花八门的行为都是基因为了达到生存的手段，都是基因自私的结果。所以，以最本质的眼光看待这个世界，大千世界真正的统治者是构成我们生命的基因，这是人体内唯一永恒的部分，它们成功的秘诀便是极端的“自私”。

06

第六节

Chapter06

险些踩到毒蛇

我急忙收住脚，低头一看，一条将近两米长的蝰蛇就在我抬起的脚下。

[龟藤与蛇]

第一天随法国同事在雨林里转了一圈，第二天便开始一个人闯荡了。动身去法属圭亚那之前，我在巴黎的实验室里精心准备了一副皮绑腿，以防在丛林里遭毒蛇咬；在右绑腿的外侧，还配上一把大学时代的同窗赠送给我的蒙古刀，或许在与野兽搏斗之际会派上用场。不知别人的感觉如何，我当时自以为有点美国西部牛仔的味道。

初入雨林，自然不肯将绑腿闲置起来。说实话，独自行走在神秘莫测的丛林里，真有点忐忑不安。但想起中国人“既来之，则安之”的古语，胆子便一下子壮了起来。

沿着森林里被人踩出的小径慢慢向前走，东瞧瞧西望望，到处是高高矮矮的藤和树，形形色色的花和果，不知不觉中，已忘记了最初的恐惧。偶然间，不知从何处传来一两声清脆的鸟鸣，使雨林显得更加幽静。

雨林里千奇百怪的植物让我目不暇接。尤其是各种藤给我留下极为深刻的印象。可以说，雨林里充满了藤，有圆有扁，有的光滑，有的粗糙，有的又粗又长，有的则缠成一团。更有一种长满寄生花的藤，宛如丛林巨蟒悬游在巨树之间。

有一种藤呈凹凸相间的节状，印第安人称之为“龟藤”，传说乌龟可以顺着这种藤爬到天上。藤本植物有很好的生态适应，它们可以本身缠绕而上，或以嫩枝卷绕支持物而上，或依靠卷须，或依靠吸根向上攀爬。总之是用茎干以最经济的手段攀缘到光照充分的上层，迅速生长达到成熟。

蜿蜒的小径延伸到离河边不远处的陡坡，没有伸进河里却沿着河流的方向拐了个弯，但小径与河之间也只隔着一片齐膝深的草。探头仔细瞅瞅，河水不深，清澈见底，还依稀可见半尺长的热带鱼在水中缓缓地游来游去。激情在一瞬间泛起：可以痛痛快快地洗个冷水澡！什么都没再多想，我拔腿进了草丛。

一步、两步，刚迈出第三步，隐约感觉一个棍状物在急促地敲击我左侧的小腿。我收住脚，轻轻拨开草丛。天啊！竟是一条后背布满斜方纹、暗褐色的蛇，它有一米半长，尾巴高高地翘着，左右摆动，正打在皮绑腿上。再看它的头，高昂着向后扭曲，似乎在盯视着我的一举一动。

我一下子蒙了，心想：完了，这家伙非给我一口不可。我呆呆地站着，任凭时间悄悄逝去；想抽出腿上的刀，却怕因此惹怒对手而闹个两败俱伤。蛇也保持着僵硬的姿势，似乎没有进攻的意思。

我定了定神，稳住心绪，默念一句上帝保佑，觉得还是走为上策。于是便缓缓地将左腿拔出来，慢慢放在右腿的后边；然后，再悄悄拔出右腿。一步、两步、三步，我一口气退到离蛇十几米远的地方。这是在雨林中与蛇的第一次遭遇，或许还真是皮绑腿帮了我的忙。

[遭遇毒蛇]

不久之后又有一次经历更让我惊出一身冷汗。那是一个风和日丽的上午，我跟踪卷尾猴群到了一片潮湿的低洼地带。据生态站的前辈们介绍，在这样的环境里往往会遇到蝰蛇。我于是前后左右仔细搜索了一番，没发现敌情，便放心大胆地举起望远镜观察我的研究对象。

蛇一旦遇到对手便会高昂起头，摆出决斗的架势。

此时，两只未成年卷尾猴正在做游戏，它们纠缠在一根粗大的横树枝上，半真半假地撕咬对方。其中的一只可能是被搞疼了，发出“嘎嘎”的叫声。另一只可能是自知理亏，调头就跑；发出号叫者则是不依不饶地追赶，情节颇为有趣。

我紧盯着两只猴子，快速移动脚步跟踪。忽然，一种本能的感觉——或许这就是第六感觉，警示我地面有危险。我急忙收住脚，低头一看，一条将近两米长的蝰蛇就在我抬起的脚下。此刻，它正高昂着头，望着我，口吐鲜红的芯子。如果我抬起的脚落下，便一定会踩在它的身上，后果也就不堪设想。

雨林里充满了藤。藤的形态多变：有圆圆的，笔直地从树冠垂下来；有扁扁的，缠绵地环绕在树上；有的光滑，仿佛历经能工巧匠的精心雕琢；有的粗糙，好像是天工弃下来的旧锯；有的又粗又长，弯弯曲曲，既寻不见根源，也找不到尽头；有的则缠成一团，从此树攀缘到彼树，把树冠紧紧地连在一起；还有的浑身披着许许多多色彩斑斓的寄生花，远远望去，宛如丛林巨蟒悬游在一棵棵巨树之间，令人毛骨悚然。

我没时间，也不敢多想，轻轻向后退了几步，绕出几米远，继续追赶我的猴群。

并不是每次与蛇相遇都能这么幸运，不久以后就有生态站的同事被毒蛇咬了，情况非常危险。

那天傍晚，法国高等师范学校的实习生马克在森林里发现了一条小蛇，便用皮手套将它裹回来。玛霞在昏暗的灯光下顺手抓起蛇的颈部，谁知没捏住，小蛇扭头咬了她的食指。

仔细辨认一下，竟是一条剧毒的珊瑚蛇，生态站的空气骤然间紧张起来。不出所料，一会儿的工夫，玛霞的手臂开始麻木。大家慌忙翻出储备的蛇药，不料早已过期失效。再通过无线电与卡宴机场联系，直升机也因夜幕降临而无法进入森林。生态站的空气凝固了！时间一分一秒地过去，玛霞失去了往日乐天派的欢笑，昏昏欲睡，这正是眼镜蛇科蛇毒的发病症状，这类毒素的作用方式是神经性的，首先导致被咬者中枢神经系统麻痹，继而死亡。

我们不敢怠慢，费了许多周折与卡宴急救中心通上了无线电话，根据医生的吩咐，大家在整个晚上轮流看护她，阻止她入睡。终于，漫漫长夜挨过去了。庆幸的是这条蛇还小，又只咬破了手指尖的皮肤，中毒不深，否则，后果真是不堪设想。

森林植物给各种动物提供了食物和隐蔽所，在漫长的进化中，动物和植物相互依存。

07
第七节
Chapter07

与美洲豹捉迷藏

我一下子看清了它身体的后半部：是只美洲狮！惊恐、好奇和好胜心同时涌上来，交织在一起。

[猛兽的脚印]

独自穿行在丛林里，最让人提心吊胆的莫过于遇上美洲豹或美洲狮。而对于初入雨林的人来说，几个清晰、新鲜的猛兽脚印已经足以令人心惊肉跳、毛骨悚然。进入丛林没多久，我便亲历了一场如此这般的虚惊。

早晨，在距离生态站大本营约200米的小溪旁，泥泞的湿地上清晰地保留着几个巨大兽类的足迹。我四处搜索，选了几个最清晰的脚印仔细观察和测量：足有碗口大小，五趾具肉垫，行动时重心在掌上。

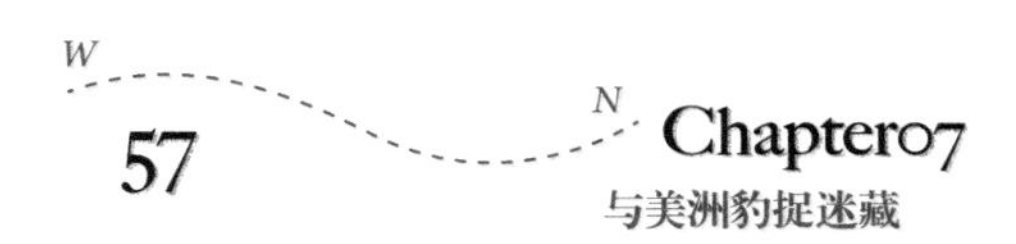

猛然间，我意识到这肯定是美洲豹的脚印。顿时，莫大的恐惧感在刹那袭来，仿佛那猛兽正张着血盆大口虎视眈眈地望着自己。我从背包里抽出砍刀，小心翼翼而又紧张兮兮地左顾右盼了好一会儿，然后挪动脚步快速离开溪流，一口气奔回大本营。

沙教授此刻刚好在生态站，我镇静地向导师汇报发现了敌情。我的导师在非洲、马达加斯加和亚马孙丛林里研究野生动物20多年，颇具丛林经验。

他没有丝毫的惊讶，反倒流露出高兴的神情，看着我说："我在生态站还从没见过美洲豹，但愿你的运气比我好。"同时，他也告诫我，一旦遇到美洲豹之类的大型猛兽千万不能跑，因为这样会激起它们捕食的本能和追杀的欲望。

[美洲狮与美洲豹]

人们在提起亚马孙的猛兽时，常将美洲豹和美洲狮联系在一起；其实，美洲狮的体型较美洲豹要小得多。美洲狮全长只有2米左右，肩高大约70厘米，重60千克。

美洲狮虽然被冠以狮名，体色也是棕色，但它与非洲狮有很大的不同，主要表现在体型比非洲狮细小，四肢较长，没有鬣毛，尾端毛簇亦不明显。实际上，美洲狮并不是狮子而属于豹类。它们身披紧密的短毛，有一双晶亮的

黄眼睛，身体灵活，善于攀缘、蹿跳，甚至还是爬树的能手。

美洲狮平素还喜爱磨爪，森林里的树干上经常可以见到一条条细长的爪痕，那便是它们操练时留下的“作品”。雌性美洲狮每次产崽1～5个，小美洲狮刚出世时呈淡褐色，身上有许多斑点。小狮子10天左右便会睁开眼，两个月后就能够随母狮一同出游，六个月的体色便与母狮的差不多了。

成年美洲豹重达150千克，全长可达2.7米。美洲豹总体上类似于金钱豹，但二者又有很多不同之处。比如说，它的嘴巴比金钱豹的粗大，身躯和四肢比金钱豹更粗壮，尾巴则较短。在体色方面，美洲豹虽然也有金钱豹那样的美丽斑点，但黑斑密度比金钱豹的要大得多。

美洲豹的爬树技术也很高明，甚至能偷袭树栖的猴子和树懒。它们猎食时异常机敏，总是以轻盈的脚步悄悄地靠近猎物，然后猛地跃起进行袭击。美洲豹还喜欢在河畔徘徊，一有机会就勇猛地向到河边饮水的鹿或貘扑去。它们还有一手熟练的游泳技术，可以横渡大河。

然而，亚马孙的土著并不怕美洲豹，甚至有办法捕捉美洲豹：他们把训练有素的狗群放出去，追赶美洲豹；经过几天甚至几个星期的周旋和围剿,美洲豹疲惫不堪，精力耗尽，在疲于奔命的情况下，被迫逃到最后的“避难所”——树上去。

猎人们等的便是这一刻，他们用绳索将美洲豹的爪和颈部套住，再把它制服。土著捕捉雄性美洲豹还有另一种办法，那便是利用雌性美洲豹做诱饵。雄性美洲豹在很远的地方就能嗅到异性的气味。它们抱着美好的愿望奔到雌性面前，却掉进陷阱里。

[人和兽]

其实，在原始森林里，猛兽主动攻击人的事例非常少，近年来在法属圭亚那有据可查的人与美洲豹的厮杀只有一起，情节颇为有趣。

两个土著撒拉马干人同一个法国人到森林里打猎，三个人都有丰富的在森林里生活与狩猎的经验，行进时分得比较散。突然，走在最前边的土著乔治在一棵巨树旁迎面撞上一只美洲豹，人和兽都大吃一惊。

乔治本能地朝美洲豹的方向抬起猎枪，而后者似乎很清楚对方这一动作的含义，向前一蹿抬起右爪啪地将枪击到不知何处。乔治顺手又从后背抽出大砍刀，顺势朝豹头劈去。不料，刀柄被从树梢上垂下的藤蔓挡了一下，“嗖”地飞了出去。说时迟，那时快，美洲豹纵身一跃将乔治扑倒，两只前爪紧紧抓住他的肩胛，张开血盆大口朝他低吼。

就在这万分危急的关头，后面的两个人听到前面声响不对，冲了过来，看到这头猛兽扑在乔治的身上便急中生智地大喊大叫。

美洲豹扭头看对方来了援兵，便不紧不慢、摇摇摆摆地跑开了。后来，我见到了乔治——他是位膀大腰圆的壮汉。他风趣地说自己输给了美洲豹，并告诉我自此以后不再打猎了。

其实，在原始森林里，那些猛兽是不会轻易向人进攻的。因为人不断地向原本属于它们的栖息地扩张，它们的生存范围日益缩小；同时，它们的食物也被人类掠走，才在极度饥饿的状态下冒险向人进攻。不过，我的理念是：道理归道理，普遍性中也难免有特殊性，谁能肯定美洲豹和美洲狮中没有精神病患者？穿行在遮天蔽日的原始森林里，警觉和防御心态总是伴随着我，身后也一

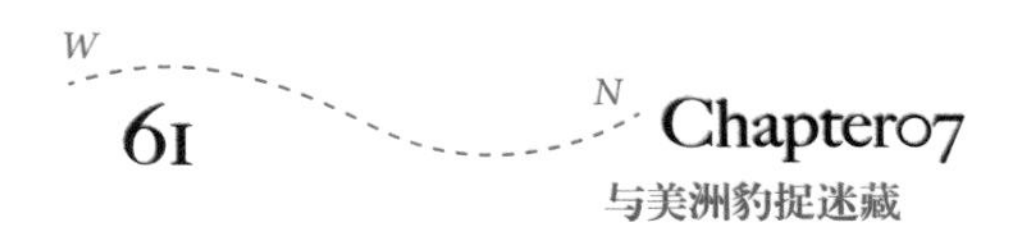

向背着一把大砍刀。有一天，这砍刀还真差点儿派上用场。

在一个风和日丽的上午，我到森林里寻找卷尾猴群。我正不紧不慢地走着，不远处突然传来哗啦的响声；从声音和方位上可以判断，那是只体型不小的陆行兽。好奇心促使我想看个究竟，于是轻挪脚步，悄悄凑过去，估计对方离得不会太远。

果然不出所料，一只大动物猛然间从几米远的右前方忽地蹿出去，随即隐匿在稍远处一棵大树的背后。我一下子看清了它身体的后半部：是只美洲狮！惊恐、好奇和好胜心同时涌上来，交织在一起。我定了定神，既想一走了之，又想看个究竟。

最终，后一念头占了上风。我慢慢从背后抽出半米长的砍刀，紧握在手，向大树的位置靠拢。近了，更近了，我屏住呼吸，在距离树干5米远处绕着树干慢慢转动，期望能一睹美洲狮的风采。

不料，转了大半个圈，什么也没发现，我实在搞不清楚对方究竟藏到哪儿去了；依我的判断，它必在树后无疑。心里没底，我暗劝自己不要无事生非，趁早结束这危险的捉迷藏游戏。

稳了稳心绪，将刀插入身后的鞘中，我顺着原路往回走。谁知，依稀中我听到有声音从身后跟踪而来，而且越靠越近，我有些毛了：莫非它还不肯善罢甘休？

我停下脚步，扭过头，声音戛然而止；我转身再走，声音也继续尾随而来。我顾不得多想，再次抽出砍刀，平心静气地等候一场决斗。一分钟、两分钟、三分钟，说不清究竟有多少时间过去了，没有一丝动静。我忍不住了，倒退着一步一步离开了是非之地。

[与猛兽捉迷藏]

傍晚，回到生态站大本营，我诉说了白天的遭遇，两个土著朋友也给我讲了他俩亲身经历的另一场遭遇。

一天，两人进丛林里打猎，拉开距离，一前一后地向前走。后边的哥哥戴斯牟忽然看到有只美洲豹躲在一棵大树后，窥视走在前边的弟弟维牟。戴斯牟停下脚步，端起枪，静观事态的发展。维牟丝毫没有察觉一只美洲豹躲在暗处盯着自己，继续朝前走。

美洲豹的注意力似乎太集中了，根本没料到自己的身后还有一个人端着枪在看着自己。只见它偏着头，在树后聚精会神地盯着维牟，同时以树干为轴轻轻移动脚步和身躯，避免被他看见。维牟继续向前，慢慢地走远了，美洲豹则朝着与他相反的方向悄然遁去。

我明白了，白天遇到的美洲狮也是在与我捉迷藏。戴斯牟和维牟补充道：美洲豹甚至可以将两只前爪搭在树干上与人捉迷藏，当然捉迷藏的对象也可能是其他兽类，那么后者便常常成为美洲豹的腹中餐。

不过，在丛林里，野兽也让我有过两次收获。第一次是刚到生态站不久，我一个人寻找卷尾猴来到山顶。天下起雨来，我奔到一块上端向前倾的硕大石块下，雨不再落到身上。

我擦了擦头上的雨水，想找块干净的地方坐下。就在左顾右盼之际，发现了一堆皮毛和一块完整的头骨。奔过去一看，是只成年野猪的残骸，从新鲜程度上可以判断，时间过去还不很久。

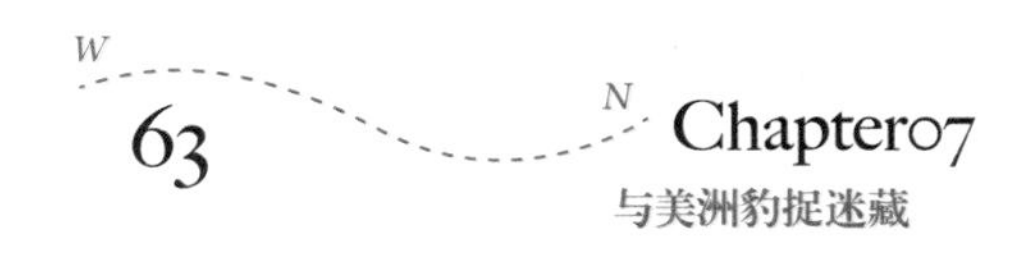

毫无疑问，这是美洲豹的杰作，因为丛林里没有其他动物可以奈何凶残的野猪。顿时，我紧张起来，东瞧瞧西望望，真怕野兽就藏在周围。过了一会儿，镇静下来，我安慰自己：野猪的命运肯定不会降临到自己头上。顾不得等雨停下来，也没心思再找猴子，我拎着野猪的头骨，以最快的速度下了山。

后来，我将野猪的两只上獠牙取下，制成两个胸坠，一个留给自己，另一个送给了在印度尼西亚丛林里研究红猩猩的法国朋友。据印第安人讲，野猪的獠牙有驱赶毒蛇的作用。其实，我本人未必相信这种说法，只是觉得好玩罢了。

还有一回，那时正值法国科研部长助理一行来生态站考察，吃过早饭，我照旧到森林里工作。沿着熟悉的路，急匆匆地向前走，忽然闻到一股前所未闻的强烈气味。我仔细搜索，发现在小溪边有一大摊血。奔过去一看，地上到处是清晰的美洲豹脚印，稍远处还有一大块犰狳背部的甲片。

很显然，可能就在一两个小时甚至几十分钟前，美洲豹在这里吃掉了一只犰狳。突然间，我想到美洲豹会不会是因为听到我的脚步声而躲起来了。

于是，我没有碰犰狳的残骸而是谨慎地退离现场，以免美洲豹因恼怒自己动了它的美食而袭击我。离开现场几十米远，对周围进行了一番仔细的观察，发现美洲豹的确不在了，我便将犰狳的背壳搬回了大本营。那时，来访者正要进丛林探险，见到犰狳的尸骨，再听我一番描述，立刻有两位表示不去了。

说心里话，与猛兽捉迷藏没有吓住我，不过生态站里的确有人曾经被美洲豹吓坏了，那是一位年轻的法国女学生。

玛蒂尔德是法国高等师范学校的博士生，长得小巧玲珑，在生态站研究鸟类的集团活动。傍晚，她跟随鸟群到它们过夜的地点，次日清晨再去那里等候它们开始一天的活动。一个清晨，她如期赴约，快到地方了，隐约发现一只庞然大物横在路当中。迷迷糊糊地，她将头灯慢慢聚焦，再定睛一看：天啊！是只美洲豹，离自己不过十几米远。她急忙躲在一棵大树后，探出头来再偷偷地看：糟了，美洲豹竟晃晃悠悠地站起来，吧嗒吧嗒地朝她走来。

如果美洲豹一直走过来，与她形成面对面的顶头碰，或许会在半梦半醒与惊惶失措之间出于防卫的本能而向她发起进攻。毫无疑问，一个手无寸铁的弱小女子在比自己体重大三倍的美洲豹面前，绝没有半点自卫能力。

玛蒂尔德慌了，也急了，她猛然想起大家平素谈论但没有人真正知道对错的绝招：发出声响，向水里走。她大声唱起歌，不敢回头，也不敢速度太快地径直走下河堤；趟过小溪，再爬上山坡，一口气奔回生态站大本营。那一刻，我刚好从帐篷里钻出来，与玛蒂尔德碰了个对面。只见她脸上没一点血色，眼睛发直。我以为她突然患了什么急病，她却从牙缝间声音颤抖地迸出几个字：我撞上美洲豹了。那一天，她没敢再迈进森林一步。

在丛林里与野兽捉迷藏，我终生都不会忘记那种不同寻常的感觉。

傍晚，太阳从天边徐徐落下，给绿色的森林涂上一层红霞，热闹的“丛林夜歌”马上就要开演了。

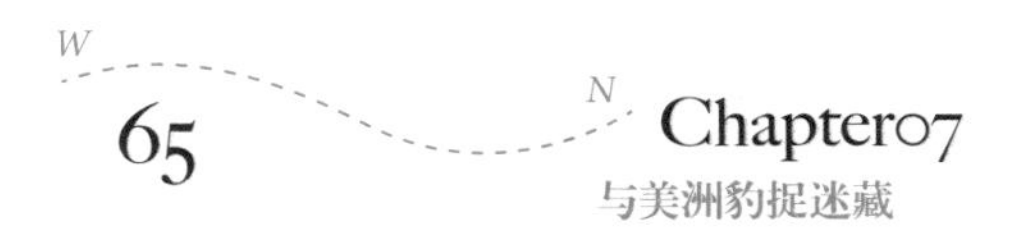

生态站大本营附近的裸山。从生态站到裸山需要走半小时的山路，其间可以明显地感觉到森林植被的变化：最开始是高树林，高度在50米左右，树木很粗，林下也很开阔；逐渐地，植被越来越矮，树木越来越细，林子也越来越密，只有在开辟出的山路上才可以行走；到了山顶，低矮的森林消失了，取而代之的是大片的草甸，继而可见一大片完全裸露的岩石。

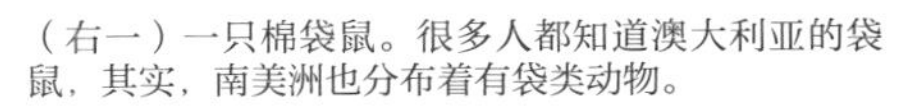

（右一）一只棉袋鼠。很多人都知道澳大利亚的袋鼠，其实，南美洲也分布着有袋类动物。

（右二）一种体型很小的水陆两栖龟。

（右三）森林里有很多种野生兰花。

（右四）七色裸鼻雀，顾名思义，身上有7种颜色。

第八节

Chapter08

我的主要工作：追踪卷尾猴

经过训练的卷尾猴当护士照顾病人，这些猴护士能开关电灯和电视，给病人换衣、梳头、洗脸，甚至给病人喂食。

[卷尾猴]

我来法属圭亚那热带雨林主要是研究灵长类动物的行为生态及其与植物的协同进化关系，在努里格种类众多的灵长类动物里，我选择了卷尾猴作为我的主要研究对象。所以，在森林里追踪卷尾猴就成了我最主要的日常工作之一。

卷尾猴可谓新大陆灵长类动物的代表。可是有一点，它们虽名曰卷尾，但并非名副其实；其尾固然可以缠卷，然而与蜘蛛猴和吼猴相比，尾的灵活性和力度都远远不及。所以，严格地说，卷尾猴只能属于半卷尾类。它们机敏、好

一只楔帽卷尾猴群的猴王发现了我，冲过来半蹲在距离七八米远的树枝上朝我张大嘴露出犬牙，我抓紧时机，拍下了这难得的镜头。不曾想，另一只雌性也跑过来，和雄猴一起肩并肩地示威。我急忙又按下快门，谁知“咔嚓”一响，两只猴子以为受到挑战，把肩高高耸起，然后向下重重地一蹾，嘴也张得更大；我再次按下快门，它们竟也再次重复前面的威胁动作。

动，一会儿下到地面，搜寻隐藏于枯叶间的蜘蛛或蜥蜴；一会儿爬上树梢，捕食贴在叶片上的毛虫。

当然，最优美的还是其纵身跳跃的雄姿。后肢用力一蹬，身躯在半空中呼啸而起，转瞬间就会平稳地落在几米开外的低树枝上。如果前方的目标是一簇藤蔓，它们便迅速把四肢和尾巴伸开，在横七竖八的藤蔓中随便抓住一点什么东西。

卷尾猴的灵巧缘于小猴从出生时起就贴在妈妈的胸部或背部，随母猴一同蹿蹦跳跃。关于卷尾猴，撒拉马干人有许多传说，其中的一个便是认为卷尾猴不能在跳跃时扑空落地，因为一只个体一旦落地便不允许再回到群中。这种逻辑仿佛恰好解释了为什么森林中时常可以见到孤独的卷尾猴。

其实，这种解释完全是想当然的，猴子独自生活有另外的道理——避免近亲繁殖。和许多其他灵长类动物一样，性发育接近成熟的雄性棕色卷尾猴不断遭到猴王的驱赶，逐渐远离出生的家族而独立生活。这是一段艰难的时光，孤单的卷尾猴要独自寻觅食物，防御天敌和躲避同类的袭击。

亚成年雄性楔帽卷尾猴在眺望。

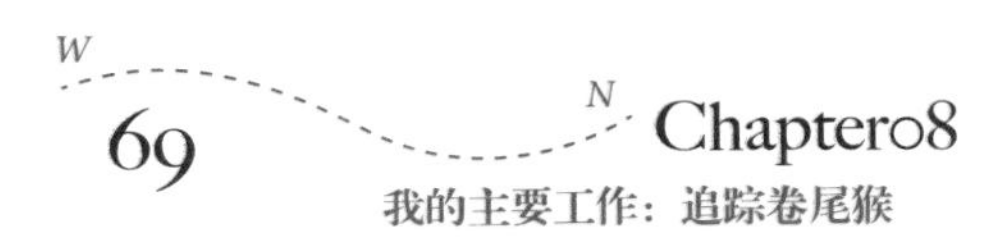

经过一两年的独自生活，接近成年的雄猴不断寻求加入相邻的异猴群。起初，它只是远远地尾随着，但即使这样也会遭到猴王的嫉妒和攻击。逐渐地，孤猴的锲而不舍使之终于得以成为异猴群的新成员，并伺机取代猴王。卷尾猴正是以这种雄性个体换群的方式避免种群的近亲繁殖。当然，这并不是因为它们了解遗传学知识，而是自然选择的结果。

凡是观察研究过卷尾猴的科学家几乎都认为它们是非常聪明的动物，在智力方面甚至可与黑猩猩媲美。雨林中有一种椰子般大小、外壳坚硬的水果，外形似碗状，顶端扣着坚实的帽冠。其他的猴子只能望果兴叹，而卷尾猴却可以灵巧地咬断果柄，骑在粗树枝上，捧着硕大的硬果沿其帽冠结合处一下下地敲打，直到顶帽脱落而美美地吃上果肉。戴斯牟向我讲述，他曾见过一只雄性卷尾猴不小心用硕果砸了致命处而死去。这种事故我是从未见过的，当然，也不希望它发生。

卷尾猴为一属四种，其中棕色卷尾猴和楔帽卷尾猴分布在努里格生态站所在的森林里。我最初打算对这两个物种进行比较研究，后来发现这太困难了。因为生态站附近的一群楔帽卷尾猴主要活动在距离生态站大本营3千米之外的地区。要知道，在原始森林里行走3千米可是要花上相当一段时间；而且，那里地形复杂，极少有其他工作者涉足。

[猴与人]

于是，我便把绝大部分精力放在生态站大本营附近的一群棕色卷尾猴上。棕色卷尾猴是在南美洲分布最广泛的灵长类动物，它们个头不大，成年雄猴体重也不足4千克。它们平素集群生活，十几只构成一个家族群，由成年雄性率领。家族群内部有一定的等级关系：同性个体间的等级一般决定于年龄的大小，同龄的两性个体中雌性往往受制于雄性。棕色卷尾猴很活泼，也很调皮，在丛林里对它们进行跟踪观察可不是一件轻而易举的事。

在研究工作之初，卷尾猴对我不熟悉，戒备十足。我好不容易在森林的某个地方发现了它们，而它们却是见了我就跑，并且似乎是什么地方难走往什么地方逃，仿佛非要考验考验我这个黄皮肤。

在河边，它们尤其会作弄我。我好不容易连蹦带跳到了河的一边，它们却三下五除二从树上跃到河对岸；等我费尽九牛二虎之力到了河对岸，它们却又返回河这边；倘若我待在一边不动，它们便会某个时刻消失在密密的树叶之中。

楔帽卷尾猴与棕色卷尾猴的体型类似而体色不同，它们之所以有这样一个名字是因为其棕黄色的头上嵌着一片延伸向前额的黑色毛，宛若一顶楔形的帽子。

楔帽卷尾猴只分布在亚马孙河的北部。与棕色卷尾猴相比，家群较大，有20~30个成员，在雨林中采食或移动时经常分散成很大的一片，两只成年雄猴一前一后，一呼一答地叫，似乎是在报平安。一旦家群中的任何一只个体发现了危险，便会发出犬吠般的叫声，所有的成员便都蹿到雨林的上层并快速离去。我曾多次努力跟踪逃窜的猴群，但最终总是被它们甩掉。

一只幼年楔帽卷尾猴。

为了研究生活在树冠层的动植物，爬树成为我们这些研究者的必修课。

起初，整个家群还以正常的结构向前跑，逐渐地，它们分成几个更小的组，各自奔向不同的方向。倘若我追踪其中的一组，小群体会再分散，直至望远镜中的最后一两只猴子消失在浓密的树叶中。一会儿，远处会传来低沉沙哑的嘶叫，那是猴王在呼唤跑散了的成员。

卷尾猴有时还会向人表示敌意甚至发起攻击。

有一次，我架着相机守候在搭在树冠层的平台上，一群楔帽卷尾猴由远而近向我所在的方向运动而来。忽然，猴王发现了我，冲过来半蹲在距离七八米远的树枝上朝我张大嘴露出牙，我抓紧时机，拍下了这难得的镜头。不曾想，另一只雌性的也跑过来，和雄猴一起肩并肩地示威。我急忙又按下快门，谁知“咔嚓”一响，两只猴子以为受到挑战，把肩高高耸起，然后向下重重地一蹾，嘴也张得更大；我再次按下快门，它们竟也再次重复前面的威胁动作。

就这样，反反复复十几次，我最后是无论如何也忍不住地大笑起来；它俩则是飞快地跑掉了。

（左）果实成熟了，外荚开裂，色彩鲜艳的种子暴露在外。鸟儿从不远处飞过，以为是好吃的果实，飞过来叼起；等发现是硬硬的种子无法下咽再将其丢掉时，种子已经被传播到几十米以外的地方了。

（右）有一种藤本植物，处于高高的树梢上，开的花是鲜艳的一串串，在绿色的森林里格外醒目。很多鸟，还有卷尾猴，都到花丛里采蜜吃。

还有一次，我在地面悄悄接近猴王，不料被它发现。猴王用前臂猛力地压枯树枝，试图砸向我；但因树枝太粗而难以得逞。于是，它奔向另一棵稍细一点的。一下，又一下，树枝“咔嚓”一声断了。但这一次用力太大，惯性使它沿着树干“噌噌噌”下冲了好几米，几乎到了我抬手就能触及的地方。我向后一闪，猴王也着实吓了一跳，掉过头箭一般地蹿回树梢。

最近一些年来，美国和以色列等国家正驯养猴子当看护用以服侍瘫痪病人。美国一个叫“援助之手”的组织和以色列特拉维夫五角大楼，都在这方面做过不少工作。而用作训练的猴子则以卷尾猴为最佳，原因是它们驯化后性情温和，易于驯养，而且寿命长，可以活二三十年，体重又不超过11千克。

在美国，援助之手有一定的知名度，因为该组织训练的猴子多，供应面广，受驯的猴学生尚未毕业便被订购一空。以色列的五角大楼所驯养的猴子则主要是用于服侍伤残和瘫痪的士兵。

这两个组织和其他类似机构所驯养的卷尾猴几乎可以代替护士，而且它们即便长时间工作也不会口出怨言，还大大增加了病人的愉快情绪。这些猴护士能做的工作很多，包括为病人开关电灯、电视和冰箱，换衣，梳头，洗脸，甚至给病人喂食。不过它们也会做出些令人啼笑皆非的事情，如在喂食时，一着急便会用手给病人抓吃的；如果喂的是它爱吃的东西，有时它们也会先己后人。

然而，虽说有诸如此类的缺点，但主人因无需付出高昂的工资，还是愿意订购猴护士。而且经过驯养的卷尾猴比较听话，病人有类似于人的动物做伴，心理上也会有一种补偿作用。

09

第九节

Chapter09

遇到种蘑菇的切叶蚁

切叶蚁对“菌园”的管理十分认真，特别是那些专门担任警卫工作的兵蚁，简直不敢离开一寸，生怕外来蚁入室偷窃。

一天，我在森林里与一列密密麻麻排成长队的淡褐色蚂蚁不期而遇。队伍中的每一只蚂蚁都用双颚高高举着一片绿叶，颤巍巍而又匆匆忙忙地向前奔，情景蔚为壮观。

我好奇地逆着蚂蚁的队伍向后走，百米开外，迎面有一棵大约50米高的粗大乔木，蚂蚁的队伍一直挺进到枝叶茂密的树冠层。原来，它们是从那里剪下一片片的树叶。我估计，这一大群蚂蚁至少有上百万只。看着这些来来往往、忙忙碌碌的小生命，我赞叹它们勤奋的精神，更折服于它们众志成城的士气。

其实，这些蚂蚁并不直接吃树叶，而是将叶子从树上切成小片带到蚁穴里发酵，然后取食在树叶上长出来的蘑菇，所以人们通常称它们“切叶蚁”或“蘑菇蚁”。昆虫学家曾仔细研究过切叶蚁的巢，里边竟像个辉煌的宫殿，分为蚁后室、幼虫室、保育室、储藏室等，四通八达，十分宽敞。

切叶蚁的食品加工过程很有趣：体型最大的工蚁离巢去搜索它们所喜好的植物叶子，利用刀子一样锋利的牙齿，通过尾部的快速振动使牙齿产生电锯般的振动，把叶子切下新月形的一片来。同时，它们发出信号，招来其他工蚁加入到锯叶的行列中来。切下一片叶子的工蚁就背着自己的劳动成果回到蚁穴去。它们每分钟能行走180米，相当于一个人背着220千克的东西，以每分钟12千米的速度飞奔，可见其速度与体能之惊人。

这是一个硕大的果实，它的特殊之处是有一个帽子。果实未成熟时，倒扣的帽子会牢牢地扣在果实上，动物吃不到其中的果肉；果实成熟时，帽子脱落，动物掏吃其中的果肉，也就将种子吞进肚子里。

在蚁穴里，较小的工蚁把叶子切成小块，然后再切磨成浆状，并把粪便浇在上面；其他工蚁在另一间洞穴里把肥沃的浆液粘贴在一层干燥的叶子上；还有的工蚁从老洞穴里把真菌一点点移过来，种植在叶浆上。真菌在树叶上面像雾一样扩散，一大群矮脚蚁管理着真菌园。

切叶蚁与真菌之间存在着一种古老的共生关系，它们相依为命，谁也离不开谁。切叶蚁用昆虫的尸体或植物残渣之类的有机物质培育真菌。它们把真菌悬挂在洞穴的顶上，并用毛虫的粪便来“施肥”；而收获的真菌能养活成千上万的切叶蚁。

切叶蚁对“菌园”的管理十分认真，特别是那些专门担任警卫工作的兵蚁，简直不敢离开一寸，生怕外来蚁入室偷窃。一旦发现不速之客，它们个个勇猛异常，与入侵者展开殊死搏斗。由于这一特性的存在，它们也成了圭亚那印第安外科医生做缝合手术时的好帮手。这些土著医生先将病人的伤口对合，然后操纵兵蚁用其双颚进行“缝合”；然后剪去蚁身，留下的蚁头就会起羊肠线的作用，将伤口缝合得很紧密。

不过，切叶蚁有时也会切昏了头。它们跑出森林，落户到印第安人的部落里掠食木薯叶，土著因此对其深恶痛绝。但反过来讲，切叶蚁其实远在人类出现之前，就在茫茫林海里开始耕作了。与它们相比，拉丁美洲的土著只是刚刚落户的“新移民”。当农民把蚁穴捣毁和焚烧时，工蚁会把所有的幼蚁搬迁到新的蚁穴中去。蚁群中有一种身高体壮的兵蚁，其主要职责是防御大的侵袭。

这些兵蚁一般守卫在巢穴里，只有在接到蚁穴有重大灾难的信号时，它们才奋起还击。几千只兵蚁争先恐后从地下蜂拥而出，舍身保护家园。不难猜想，切叶蚁与当地农民之间的纷争还会长久地持续下去。

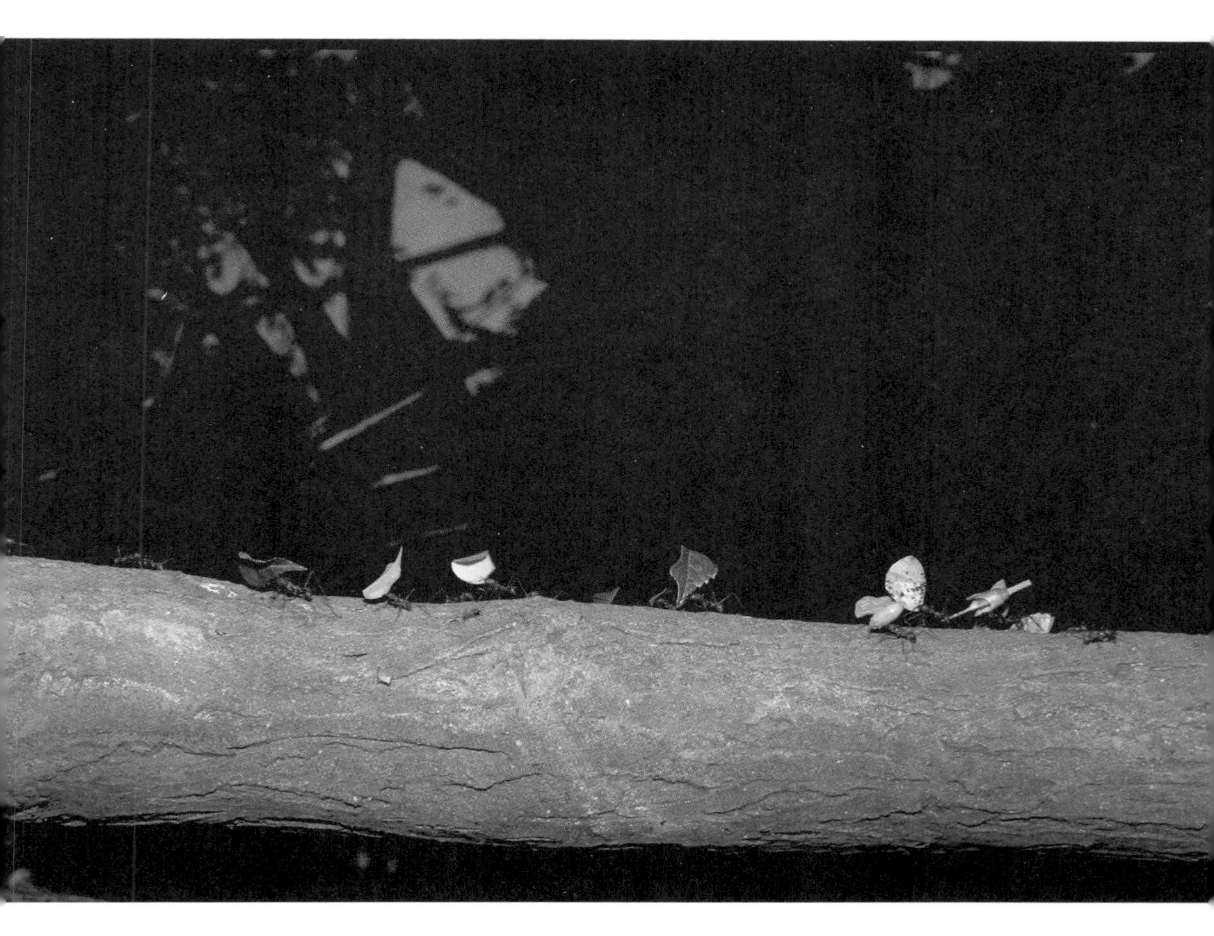

切叶蚁并不直接吃树叶，而是将叶子从树上切成小片带到蚁穴里发酵，然后取食树叶上生长出来的蘑菇。

【丛林知识】

雨林科考生活常识

[雨林科考生活常识之一：服装]

亚马孙热带雨林位于赤道附近，年平均气温为25～27℃，年均降雨量1500～3000毫米，非常暖湿。生活在这里穿适合运动的单薄衣服即可，我们通常穿普通的夏季户外运动衣。生活在这里的印第安人在接触欧洲人以前大多文身，几乎不穿衣服。雨林地面潮湿，而且由于经常下雨，地表常有积水，要穿防水的鞋子。

[雨林科考生活常识之二：食品]

生态站的食品都是从城镇中购买再用直升机空运进森林的，采购单通常是各种罐头食品：午餐肉、沙丁鱼、豆角、番茄、苹果酱、液体巧克力等等。平时的饮用水就取自林间的小溪。在生态站进行科研要尽可能不扰乱动物的生活，更不允许打猎，但可以采摘野果。长期在这里工作的经验是，猴子常吃的野果最甜最好吃。

[雨林科考生活常识之三：住宿]

亚马孙热带雨林中非常潮湿，而且蛇类众多，所以生态站的“床铺”也是当地印第安人传统的吊床。在城镇的市场里有各式吊床：单人的、双人的，棉线的、尼龙的

睡吊床可不容易，没有经验的人会出各种笑话：床系得不结实，一上人绳子就松开，人摔个屁股蹲；新床弹性大，人躺上去屁股就着地头脚翘起；好容易在床上躺好了，一翻身床倾斜了会摔下去

[雨林科考生活常识之四：交通]

生态站位于密林深处，进出只能依赖直升机。在雨林内追踪观察动物，则需各想高招。长途跟踪活动的动物时就在林中穿行，因为雨林有很多高大植物，林下光线幽暗，植物不多，比较好走，只是容易迷路和遇见蛇等可能会危及生命的动物。在定点观察一些生活在树冠层的动物时，则需要在树冠间用绳梯搭起“空中走廊”。

一株草本植物结的果实，已经被食水果的蝙蝠吃掉了相当一部分。

一天我在丛林中遇到一条通体具有鲜艳环纹的“金环蛇”，要知道金环蛇的神经毒素可以让人在数小时内停止呼吸，我拍了它的照片就赶紧离开了。回到生态站一鉴定，发现它其实是个冒牌货——没有毒的假金环蛇。

[丛林信件]

会隐形的动物

立新：

几天以前，一个法国同事跟我开玩笑，指着光滑的树干让我在水平视野上下一米的范围内找昆虫，我围着树干转了三圈，竟没发现任何蛛丝马迹。后来，我沿着树干的侧面寻找突出点，终于看到了，原来是一条约3厘米长的蝗虫紧贴在树干上，其颜色和斑纹与树干的一模一样。

森林里有一种猫头鹰蝴蝶，它们的翅膀上有圆圆的黑斑点，两只翅膀张开时逼真地构成一副猫头鹰的脸谱。这样，鸟见到它们不仅不敢捕食，反而会被吓得逃之夭夭。

还有一次在丛林中遇到一条通体具有鲜艳环纹的蛇，我却想不起鉴别金环蛇与假金环蛇的法则。要知道金环蛇的神经毒素可以让人在数小时内停止呼吸，而假金环蛇不会对人造成任何伤害。

于是，我只好乖乖地拍了几张照片而不去动它。等返回生态站大本营对照图谱一看，追悔莫及，原来是冒牌货。不过，以假当真终究比以真当假好，我的一个法国同事就曾经犯了这样一个大错误，幸好事情发生在另一个交通方便的生态站，一小时后他便被送进医院。否则的话，恐怕真的无缘再与他共事了。

树义

5月18日

写于努里格

10
第十节

Chapter10

蜘蛛猴向我进攻

蜘蛛猴狂怒地吼起来，狠命地摇动树枝，紧接着以其特有的荡壁的移动方式朝我的方向腾跃而来。我岂敢再怠慢，拔腿就跑。

[“可爱”的猴子]

蜘蛛猴生活在南美，但我们对它们并不陌生，童话“猴子捞月亮”里描写的就是这些可爱的精灵。其实，说它们可爱是根据童话里描述的那些顽皮的动物，雨林里的蜘蛛猴却凶得很。

一天，我在极少有人涉足的森林里遇到五六只蜘蛛猴，拿出望远镜在树下静静地观察。不料，它们发现了我，在几十米高的树梢上发出干咳般的叫声。

我知道，这是蜘蛛猴表示敌意的信号，但又不情愿就此离去。就在我迟疑的瞬间，猛听得树梢上咔嚓的一声响；紧接着，一根碗口粗的树枝“砰”地砸在距我不足5米远的地上。

我不敢再犹豫，急欲逃离这是非之地。转身拔腿之际，几声巨响又落在附近。跑出几十米开外，我还是不甘心一走了事，又朝它们张望起来。树冠上的蜘蛛猴似乎清楚地瞧着我的一举一动，比先前更猛烈地嘶叫起来。

我也生气了，模仿它们的声音大叫起来。谁知这下子更麻烦了，蜘蛛猴狂怒地吼起来，狠命地摇动树枝，紧接着以其特有的荡壁的移动方式朝我的方向腾跃而来。我岂敢再怠慢，拔腿就跑。

慌乱中，树梢的摇曳声，蜘蛛猴的嘶吼声，树枝的折断声及其砰然落地的响声交织混杂在身后。好一次难忘的遭遇！

（左）蜘蛛猴生活在南美洲，但我们对它们并不陌生，童话“猴子捞月亮”里描写的就是这些可爱的精灵。

（中）蜘蛛猴通常单独行动，这是因为它们身体重、食量大，而其主要食物花和水果资源有限，家族内部成员之间竞争激烈，所以只好采取单独行动的方式来适应环境。

（右）蚂蚁把土壤搬到树上筑巢，结果土中草本植物的种子发了芽，形成“空中花园”。

在南美洲，许多树栖哺乳动物的尾部能不同程度地卷曲，其中蜘蛛猴具有真正的卷尾，即以一条末梢光秃的尾就能将整个身体悬吊起来。它们的长尾巴超过了又长又细的四肢，末端内侧的皮肤裸露，十分敏感，能起到“第五肢”的作用。

[捞月亮的卷尾]

蜘蛛猴还有一种较为特殊的社会行为，即昼分夜合的家群组织方式。蜘蛛猴营昼行性，每群大约20只。但在森林里，白天极少能见到这么多的家族成员聚在一起，通常是3～5只分散在一棵或几棵树上；傍晚，整个家族才聚在一起过夜。

原来，蜘蛛猴身体重、食量大，其主要食物花和水果资源有限，家族内部成员之间竞争激烈，只好采取这种“分”的方式来适应环境。而夜晚的群聚很可能是为了防御树栖猫科动物的袭击。

蜘蛛猴分散得很远的家庭成员不时以长长的嘶叫保持联系，尤其是在早晨和暴雨来临之前，故此当地土著有“蛛猴叫，大雨到”的说法。

在南美，许多树栖哺乳动物的尾都能不同程度地卷曲，其中蜘蛛猴具有真正的卷尾，仅以一条末梢光秃的尾就能将整个身体悬吊起来。它们的长尾巴超过了又长又细的四肢，末端内侧的皮肤裸露，十分敏感，能起到“第五肢”的作用。而且长尾巴既可以在运动时维持平衡，也可以在取食时固定身体，还能够捡起细小的东西。

对于南美哺乳类普遍具有的卷尾现象，迄今还没有一个非常完美的解释，有人认为这是动物对雨林里茂密的藤本植物的适应：在相对开阔的森林里，动物容易在树间跳跃，直尾具有维持平衡的功能；而在茂密的森林里，跳跃受到限制，卷尾便可协助动物移动和采食。

卷尾的功能在蜘蛛猴身上发挥得淋漓尽致。在雨林里，我们常常可以看到它们用尾巴将自己七八千克的身体吊在树干上，头朝下采食花或水果。不过，一只猴的尾巴挂在另一只猴的脖子上，缀成一长串到河里捞月亮的情景我还未曾见过。

11
第十一节
Chapter11

食蚁兽造访努里格

一只食蚁兽自己来到生态站，它慢条斯理地踱来踱去，最后玩腻了，就爬上树干，头朝下呼呼地睡了起来。

[食蚁]

在生态站大本营附近，经常可以见到的是体型中等、营树栖生活的小食蚁兽，身长只有70厘米。这种食蚁兽的一个有趣特点是体毛的颜色和图案随地理分布而差异很大。

它们平素在树冠层搜索隐藏在枯树皮下的白蚁或蚂蚁，很少下到地面。但搞不清为什么有一只在某一天却晕头转向，它先是在生态站大本营的空地上大摇大摆地走来走去，随后凑到冰柜附近东闻闻西嗅嗅。该不是其中的冷冻食品把它从树上吸引下来的吧？

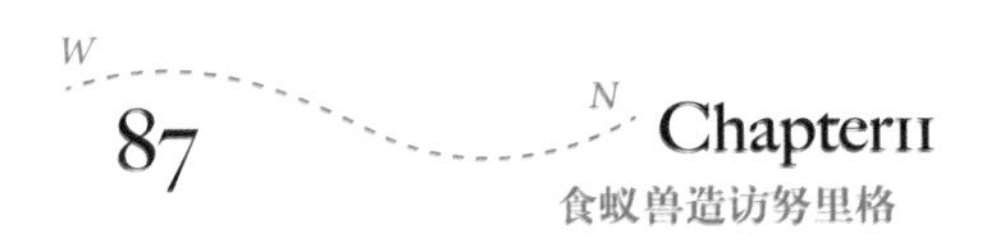

我们好奇地围着它看，它竟没有一丝恐惧的样子，慢条斯理地踱来踱去。最后，它似乎玩腻了，爬上树干，头朝下呼呼地睡了起来，仿佛对人充满了信任。

食蚁兽是专门吃蚁的，它们有多方面的适应食蚁的形态特征。

首先，它们的前肢粗壮有力，肢端被有锋利且略为弯曲的爪，用以扒开蚁穴。其次，它们的吻部为筒状，无牙齿，长长的舌头可以灵活而快速地吞吐；同时唾液腺分泌黏液，将芝麻粒似的小昆虫粘住。于是，蚂蚁或白蚁就被这特殊的传送带由洞穴送到食蚁兽嘴里。应该说，食蚁兽颇知道可持续利用食物的道理：它们摄食蚂蚁或白蚁时总是用尖而有力的爪子打开蚁穴，而不是将蚁穴整个破坏掉；而且，它们每次都只是吃掉一部分猎物，随后就转向另一个蚁穴，以保证自己的领域能长久地提供食物。

[大食蚁兽奇遇]

食蚁兽共有4种，其中体型最大的一种被称作大食蚁兽，成体身长1.3米，高0.9米，体重可达40千克。大食蚁兽的尾巴特别发达，像个巨大的羽扇拖在身后。大食蚁兽平素性情并不凶猛，但它们的防御能力有时竟会让美洲豹望而却步，其武器是长而锋利的爪。我的两位法国同事曾向我讲述过他们的一次奇遇。

一天，他俩正在森林里用粘网捕鸟进行环志，忽然一只大食蚁兽急匆匆地从网前蹿过。还没等他们反应过来，一只美洲豹竟紧紧地尾随食蚁兽而去。他俩好奇地悄悄跟上去观瞧。

（上）食蚁兽也是南美洲的奇异动物。在分类学上，食蚁兽与犰狳、树懒同属于贫齿目。其实，后两类动物虽然“贫”，却还存在着不发达的牙齿，而食蚁兽则是真正的“一贫如洗”，一颗牙齿也没有。

（下）顾名思义，食蚁兽是专门吃蚁的，这种食性的特化其实非常有理由。在热带雨林中，白蚁和蚂蚁占所有动物生物量的30%，是个庞大的蛋白质库，食蚁兽具有多方面的适应食蚁的形态特征。

只见不远处食蚁兽呆头呆脑地坐靠在一个宽大的板状树根前，半身挺起，似乎很镇定地高抬着两只前爪；美洲豹在它面前摇摇摆摆，来回踱步。时间一分一秒地划过，恶斗正在酝酿中。

忽然，两个同事中的一个不小心发出了声响。美洲豹回头发现了两个直立的“陌生人”，便不紧不慢悻悻地走开了。美洲豹走后，大食蚁兽还呆呆地保持着防御的姿势。

两位好事者便小心翼翼地凑过去，其中的一个用长长的木棍顽皮地挑逗食蚁兽。一下、两下、三下，猛然间，这怪兽“刷”地挥动前爪向木棍劈去，木棍刀切般断为两截。两人倒吸一口冷气，乖乖地走开了。

（左）很多成熟的小浆果颜色都很鲜艳，它们在告诉鸟儿：我们已经成熟了，很甜的，快来吃吧。当然，水果里都有一粒甚至很多粒种子，等待鸟儿吃到肚子里，再排泄到远处。

（中）凤梨科植物。

（右）这种蜥蜴的身体披着闪光的鳞片。

[丛林信件]

寻找卷尾猴

立新：

雨季开始了，每次下起雨来都很大，有时简直可以说是倾盆大雨，这更增加了我寻找卷尾猴的困难。我研究的卷尾猴活动范围很大，它们平素不怎么爱叫，而且声音也小，寻找它们很不容易。我想用笼子捕捉一只猴子，戴上颈圈，以便于跟踪。但目前是雨季，森林里生长着很多水果，用食物很难把它们引诱到笼子里。若非万不得已，我不想用麻醉枪。根据沙教授的经验，只要一射击，不管成功与否，它们以后见了我就会逃跑。这一方面会使跟踪和研究工作更加困难，另一方面也将改变动物在自然状态下的行为模式。所以，这两个月我暂时将就一下。7月份树上的水果会少一些，我再安放笼子，试试运气。

我最近学会了使用攀登树梢的工具。这是类似于登山用的设备，用它可以随意攀到树梢上去。这种设备发明的时间还不长，不知国内有没有，将来有机会可以带一套回去。

我相信你将来一定会来努里格，不知你能不能习惯这里的生活，我个人是觉得这里实在太美了。每天早晨，我们在吼猴惊天动地的叫声中起床，一边洗脸一边听各种鸟的鸣唱；傍晚，在清脆的蛙鸣中睡去，偶尔也伴随有淅淅沥沥的雨声。这里没有城市的喧嚣，没有人与人之间的是是非非，只有动物的“奇闻趣事”。事实上，大型动物是不常见的，它们总是回避人；我们也尽量不打扰它们，它们才是这片森林真正的主人。丛林里的大动物一般不会主动攻击人，偶尔向人发起进攻往往是因为自身感受到了威胁。

最近，在跟踪卷尾猴的过程中，我吃了不少稀奇古怪的野果，都是卷尾猴在树上吃剩了掉下来的。这些野果不像我们人工栽培的水果有那么多果肉，但一般来说都很甜。卷尾猴可能还不习惯于被我跟踪，有时从树上扔水果打我。这些调皮的家伙，倒也蛮可爱的！

树义

6月20日

写于努里格

12
第十二节
Chapter12

金刚鹦鹉
——美丽的大力士

森林中许多棕榈树都结着硕大的果实，这些果实的种皮通常极其坚硬，人用锤子也很难轻易砸开；而金刚鹦鹉却能轻巧地用喙将果实的外皮弄开，吃到里面的种子。

金刚鹦鹉的脸上有花纹，很像京剧的脸谱。

[宛如彩虹]

第一次看见十几只红蓝相间的绯红金刚鹦鹉悠然自得地在天空中飞翔，我简直不敢相信自己的眼睛。它们宛如彩虹一般，从天空的一方划向另一方。真不知造物主如何把它们塑造得如此光彩夺目、绚丽辉煌！

金刚鹦鹉是鹦鹉家族中体型最大的一个属，重约1.4千克，身长近1米。

（左上）站在六七十米高的大树底下，感觉自己真的是很渺小。如果是置身丛林里，仰望树梢，视线往往被林间极为茂盛的灌木遮住，根本看不到最高的枝叶。

（左下）第一次看见十几只红蓝相间的绯红金刚鹦鹉悠然自得地在天空中飞翔，我简直不敢相信自己的眼睛。它们宛如彩虹一般，从天空的一方划向另一方。真不知道造物主如何把它们塑造得如此光彩夺目、绚丽辉煌！

（右）这种凤梨科植物目前在很多国家大都市的花店里都可以见到了。在亚马孙森林，它们是常见的草本植物。

金刚鹦鹉产于美洲热带地区，是大型鹦鹉中色彩最漂亮、体型最大的一个属；整个金刚家族包括17个物种，大部分属于大型攀禽，其中绯红金刚鹦鹉的分布范围最广泛。这种鹦鹉头肩部为鲜红色，背羽的后半部为蓝色，两种颜色结合的部位是绿色。在同一属中，又数它们的体型为最大，重约1.4千克，身长近1米。金刚鹦鹉最有趣的当数那张脸，布满了条纹，有点像京剧的脸谱。16世纪时，西班牙和葡萄牙殖民者将金刚鹦鹉带回欧洲，它们从此便成为很多人的宠物。

金刚鹦鹉喙的力量很大。森林中许多棕榈树都结着硕大的果实，这些果实的种皮通常极其坚硬，人用锤子也很难轻易砸开；而金刚鹦鹉却能轻巧地用喙将果实的外皮弄开，吃到里面的种子。我读过这样一个传奇般的故事：

欧洲白人入侵南美，一个士兵开枪射击一对金刚鹦鹉；其中的一只砰地落地，另一只飞走了。过了一会儿，正当这个士兵手拎猎获物沾沾自喜时，消逝的金刚鹦鹉突然从天而降，先是一口啄瞎了射击者的眼睛，然后用喙将掉落地上的双筒猎枪拧成了“铁麻花”。

对于这样的传说，我不敢贸然相信，因为其中常夹杂着人们良好的愿望。不过，这个故事也从侧面说明金刚鹦鹉在人们心目中的确是大力士。金

刚鹦鹉的食谱由许多果实和花朵组成，其中包括很多有毒的种类，但它们却不会中毒。这也许是因为所吃的泥土中含有特别的矿物质，从而百毒不侵。

在照片和录像中，我曾多次见过大群的金刚鹦鹉聚在陡峭的悬崖上啄食泥土，但却从没有机会直接目睹这一壮观的景象。这种行为究竟是为了补充食物中不足的盐分还是为了解除食物中所含的有毒生物碱，迄今为止似乎还没有准确的答案。

在森林里，金刚鹦鹉一般都很胆小，往往是见了人便远走高飞。可是有一次，我却得到了一个极好的观察和拍摄一对金刚鹦鹉的机会。那是一棵高大的树，刚刚拦腰倒下；在大树折断的地方有一个树洞，一对绯红金刚鹦鹉恰好在我路过之际从距离地面20多米高的树洞里钻出来。我担心它俩会展翅飞走，迅速掏出相机拍了两张照片。

随后，拿起望远镜仔细观察：两只金刚鹦鹉居高临下地望着我，一会儿并肩站在一起，正面对着我；一会儿一只钻进去，然后再从另一侧钻出来，就是不飞走。我猜测，这一定是雌鸟的产房；于是，第二天扛来三脚架和长焦镜头。果然，它们还在那儿恭候着，如此幸运地，我安安稳稳拍下了富有情趣的一幕。

[丛林信件]

跟踪卷尾猴

立新：

今天是个好日子！清晨4点半，我就起床了；当然，是被闹钟喊醒的。草草吃了口饭，随身带上罐头和饼干，我就动身到森林里寻我卷尾猴，当然还需要带上头灯，因为森林里真是伸手不见五指。我悄悄走到昨晚卷尾猴睡觉的地方，是几棵棕榈树，它们很喜欢在一种棕榈树上睡觉。看看表，才5点一刻，我于是关掉头灯，一动也不动地站着，恭候卷尾猴起床。我需要记录卷尾猴准确的起床时间，比较它们在不同季节活动的规律性。忽然，附近的脚下有什么小动物蹿过，发出“簌簌”的声音。我赶紧打开头灯察看，只要不是毒蛇，其他的都不可怕。等待的时间总是过得好慢，直到6点钟，卷尾猴才起床。它们一起床便开始“大小便”，紧接着开始朝东边的方向奔跑。它们在树上蹿蹦跳跃，与地下的石头、河流全然不发生关系。我可惨了，一会儿从石块上蹦下来，一会儿从一米深的河流里蹚过去。一天下来，我的鞋从来就没干过。不过，好在它们跑一会就停下来，在有水果的树上吃东西，也给我一点喘息的机会。森林里的猴子很像人，每天的活动很有规律，卷尾猴中午也休息，大概一两个小时的样子。不过，它们休息我可不能，也不敢休息，一方面得继续观察记录它们睡眠时的特点，一方面还得警惕别让它们不知不觉地溜了。

午休过后，它们继续朝同一个方向行进。这里可能是生态站的人员从未到过的地方，没有任何人类活动的痕迹。为了防止迷路，我边走边做一些标记。到了傍晚时刻，我们竟然到了一个瀑布旁边。生态站从没有人谈起过这个瀑布，我在地图上标记和计算了一下，大概距离生态站大本营有2.5千米。这里的瀑布不像我们平素里看到的直上直下、飞流直下的那一种，而是大部分在石面上流淌，时断时续地才有垂直的落差。天晚了，卷尾猴就停留在溪流旁过夜，或许它们也喜欢欣赏自然风光。在森林里走了一天，我实在是累了，不管三七二十一地在水里洗了个澡，然后才点着头灯一步一步摸回大本营。到大本营已经是晚上8点多，不知明天一大早还能不能起得来。如果真要想跟这些猴子会合，我明早4点钟就得动身。有时候，我真想随身携带一个行李卷，随遇而安地跟它们走到哪儿住到哪儿算了。

树义

7月3日

写于努里格

13

第十三节

Chapter13

同事玛霞用友善的方式研究箭毒蛙

的确，只要稍微动动脑筋，人类与动物的关系便会友善得多；而这个主动权完全掌握在我们人类手中。

[漂亮动物]

我的同事们各有自己的研究项目，一有时间，我们就经常在一起交流、相互学习。我在跟踪猴子的时候会在丛林中碰到色彩鲜艳的箭毒蛙，一有机会，我就向荷兰女同事玛霞讨教有关这些漂亮的动物的知识。

第一次看到箭毒蛙是与戴斯牟一起进丛林时。那天他向我招手，指了指一棵大树的根基部，示意我有东西。我凑上前去，定神一看，原来是一只漂亮的青蛙，正趴在一个隐蔽处。这青蛙体型不大，全长4~5厘米，通体天蓝色，其中隐约密布着暗黑色的细条纹，后背和两肋处嵌着金黄色的宽带。

坦白地讲，我当时既不知道这就是大名鼎鼎的箭毒蛙，也没有太多尊重野生动物的意识，伸手便想去捉。戴斯牟一把拦住我，连说带比画地示意别摸它，他讲的是当地土著语和法语的混合话，听起来颇为难懂。我也没有真正理解为什么不能捉这只漂亮的小青蛙，但相信他的话一定会有道理，便掏出相机，想给它拍张照片。

小青蛙似乎感受到了危险，吧嗒吧嗒跳个不停。它跳的速度虽然算不上快，却给拍照出了难题：刚刚调好焦距，它便从视野里消失了；追上去，再定位、聚焦，它一纵身又跳走了；折腾了半天，还是没能成功。戴斯牟手口并用地示意：走吧，以后还能见得到。

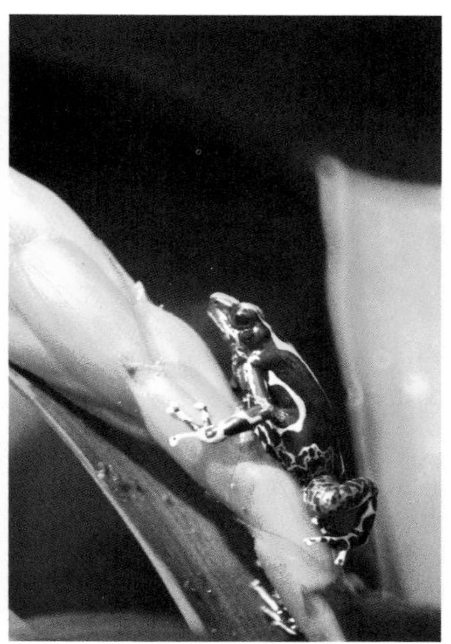

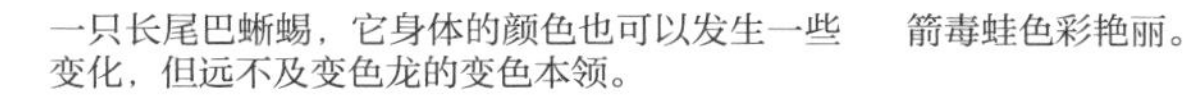

一只长尾巴蜥蜴，它身体的颜色也可以发生一些变化，但远不及变色龙的变色本领。

箭毒蛙色彩艳丽。

我刚打算挪步，玛霞从后面跟上来了，见了漂亮的小青蛙，兴奋得眉飞色舞，大叫起来。玛霞讲不了几句法语，英文却很流利。一交谈，我终于明白了，这就是箭毒蛙，难怪戴斯牟不让我动它。玛霞此行来生态站3个月，就是为了研究这一物种。在后来的日子里，我从她那里了解到很多关于箭毒蛙的知识。

[名字的由来]

箭毒蛙隶属于丛蛙科，该科包括4个属，100多个种，其中丛蛙属和叶毒蛙属的一些种类具有鲜明的警戒色。

箭毒蛙的繁殖行为颇有特色。跟许多在水中产卵的蛙那样一次能产数百至上千个卵相比，箭毒蛙每窝的产卵量相对很少；最小的箭毒蛙甚至可能只产一个或两个卵。而许多种群全年都持续不断地产卵，有些蛙甚至每个月都产卵，这一点弥补了每窝产卵量少的不足。卵一旦产下后，亲蛙中的一员便开始护卫这些卵。卵发育到一定时期时，需要把它们分开；这是由于栖息的水环境通常很小，养分不多，蝌蚪们同类相食，最终只有一只能活到成熟的年龄。

一些种类的毒蛙把蝌蚪带到小溪流中；另一些种类则把蝌蚪放到凤梨科植物叶片之间所形成的积水中，或是某些其他热带植物的叶茎所形成的天然水槽中，还有的甚至将蝌蚪放在树干空洞的积水中。

虽说是在雨林，寻找可以长久积水的地方也并非轻而易举。玛霞在研究中发现了一个有趣的现象：努里格森林里有一种高大的棕榈，花穗外面包着一个厚厚的外壳；这个外壳在花穗成熟时脱落，如果开口向上便形成一个天然的水槽，而一半以上的水槽里都有箭毒蛙的蝌蚪。我也曾在40米高树梢上的凤梨科附生植物中见到箭毒蛙的蝌蚪，这意味着箭毒蛙要背着蝌蚪一蹦一跳地爬到树冠层。

箭毒蛙的分泌物是紧张时从皮肤内的微小腺体排出的。一只用嘴叼住毒蛙的捕食者会有烧灼、麻木或恶臭的感觉，这往往会迫使它丢掉猎物。最毒的毒蛙是叶蛙属中的三个种，它们产在哥伦比亚濒临太平洋的洼地。这些蛙能分泌很强的毒素，而这些毒素往往被人用来给镖箭上毒，用这种镖箭猎取猴子或其他兽类，会使动物顷刻间毙命，这也就是箭毒蛙名字的由来。

箭毒蛙隶属于丛蛙科，该科包括4个属，100多个种，其中丛蛙属和叶毒蛙属的一些种类具有鲜明的警戒色。丛蛙属的各个种在颜色和图案上有明显的变化，其中的一些具有原始的条纹图案，而另一些则已经进化到具有均匀的鲜明颜色，只是点缀着各种斑点和斑纹。

[蛙与人]

不同印第安部落取蛙毒的方式很不一样，有的部落是用一根小棍子把蛙刺穿，甚至在给箭上毒前还把蛙放在靠近火的地方烤一下。也有的部落以细藤条将箭毒蛙的四条腿拴住，然后用小木棍轻轻刺激它们的背部，箭毒蛙便分泌出乳白色的毒液。待毒液分泌干净后，他们会将箭毒蛙放掉，以便使这些小动物能够继续生产毒液。

努里格森林里有两种箭毒蛙，一种头体长不超过5厘米，另一种则只有1厘米大小。前一种栖息在森林里，尤其是在溪流岸边和树木倒塌后露出阳光的地带；后一种则生活在裸山附近低矮的凤梨科植物丛里。以往，人们直觉地认为箭毒蛙因为喜爱阳光才频频出现在有阳光的地方。

玛霞经过细致的观察发现，箭毒蛙不仅不喜欢阳光，较长时间的阳光照射甚至会致其于死地。它们之所以光顾有阳光的地方，完全是出于捕食的需要。和许多其他的蛙类不同，箭毒蛙不捕捉在空中飞来飞去的昆虫，专门猎食地面上体型微小的蚂蚁和螨；这些蚂蚁和螨常生活在倒塌的大树下，所以箭毒蛙的身影才经常出现在那里。

另外，非常值得一提的是，以往个别的学者为了跟踪研究箭毒蛙的个体活动规律，竟然会破坏掉蛙的某一个脚趾。玛霞使用的方法则更为简单、有效和人道：将每只箭毒蛙的身体颜色和图案画下来，以后便可以按图索骥。的确，只要稍微动动脑筋，人类与动物的关系便会友善得多；而这个主动权完全掌握在我们人类手中。

箭毒蛙的体色鲜艳亮丽，这些颜色是向天敌发出的警告。这种警戒色有效地阻止了自然界许多潜在的捕食者。可以说，箭毒蛙就是凭借警戒色和毒素使整个家族存活至今。

然而，自从印第安人涉足南美，箭毒蛙的警戒色和毒素就不再是防身的灵丹妙药了。再后来，哥伦布发现了新大陆，“文明人”闯入雨林并将箭毒蛙作为宠物带到城市里。悲惨的是，箭毒蛙对食物以及生活环境的温、湿度要求十分严格，一旦被带出雨林，往往就意味着末日的来临。箭毒蛙越来越受到“热爱动物”的人们的威胁！

荷兰姑娘玛霞是位业余或者说自由的野生动物研究人员，对两栖和爬行动物情有独钟。

【丛林信件】

角雕

立新：

今天，一只角雕差点吃了我跟踪的卷尾猴。上午9点半，我正跟踪猴群，忽然听到它们像炸了锅一样嗷嗷大叫起来。我一下子也紧张起来，心想是不是来了美洲豹，顺手从后背抽出大砍刀，做好决斗的准备。

再看猴子们，一边号叫，一边急速地从树梢向下蹿，大有世界末日来临之势。最惨的是一只小猴，竟不管不顾地撒开双手，重重摔到地上。我瞬间意识到危险来自上方，抬头四处寻找，只见一团黑影唰地落在树梢上。

我定睛一看，是一只庞大的猛禽，它嘴里发出咯咯的叫声。我拿起望远镜，仔细再看，竟是一只角雕。

角雕是全世界体型最大的以活的动物为食的猛禽，它的背羽灰黑色，腹羽白色，头具双冠，头面部为柔和的浅灰色，前胸还有一圈黑色的饰羽。再配上一双锐利的眼睛和尖尖的喙，一副尊容仿佛是古代英武的勇士，更显露出一派王者之相。

角雕的英文名字源自古希腊和古罗马神话，原指一种脸及身躯似女人，而翼、尾、爪似鸟，嗜杀成性、残忍贪婪的妖怪。早期到达美洲的西方探险家因见角雕威猛凶悍而为其取了这个名字。角雕的头上有一对冠羽，直立着，眼睛闪着凶光。

它也发现了我，狐疑地凝视着，头不时地轻动一两下。真想不出它那时的心态如何，我是的确有点紧张，生怕它不顾一切地扑过来拼个你死我活。好在它没有那样做，停顿了片刻便纵身展翅飞走了。

我再找卷尾猴，哪里还有它们的踪影。我原地等候了一个小时，还是不见一只猴子溜达出来。它们究竟是藏着不敢出来，还是窜到了别的什么地方，我真是不得而知。

树义

8月16日

写于努里格

角雕是全世界体型最大的以活的动物为食的猛禽，它的背羽灰黑色，腹羽白色，头具双冠，头面部为柔和的浅灰色，前胸还有一圈黑色的饰羽。再配上一双锐利的眼睛和尖尖的喙，一副尊容仿佛是古代英武的勇士，更显露出一派王者之相。

14

第十四节

Chapter14

亚马孙食鸟蛛
把同事的靴子当成了家

我们把大山鼠送给亚马孙食鸟蛛，它毫不客气地猛扑上去，几乎就在一瞬间，大山鼠便一动也不动了。

[世界最大的蜘蛛]

生活在人迹罕至的原始森林里，意想不到的事儿随时都可能发生，即使规规矩矩待在生态站里不出门，也会有奇遇。我们实验室的同事、一位60多岁的法国教授，清晨起床穿靴子，脚刚伸进靴筒里就发出“噢”的一声大叫。我们跑去看时，他的脚上已经有了个不小的伤口，再看他的靴子，里面一只比我拳头还大的亚马孙食鸟蛛正虎视眈眈地随时准备出击呢。这种蜘蛛通常生活在树洞里，估计是昨天晚上，它不小心投错了家门。

亚马孙食鸟蛛大概是全世界最大的蜘蛛，曾多次被小说家和探险家渲染上

亚马孙食鸟蛛成年个体可达25厘米，四对步足向外张开时颇像一只大螃蟹，有很强的攻击性，寿命最长的可以活到20年。它们的食物主要是啮齿类和有袋类等小型哺乳动物，有时也猎食蛇之类的爬行动物。

恐怖和神秘的色彩。我曾在一本记载南美探险家故事的书中见过这样一页插图：一个探险者裸露的身躯上叮着十几只碗口大的亚马孙食鸟蛛，探险者用力向下抠，血流如注。这无疑是夸张，因为亚马孙食鸟蛛习惯独栖，每只个体独自生活在地下的穴中，每公顷范围一般仅有一两只，不会有成群的亚马孙食鸟蛛围攻一个人。另外它们白天躲在用树叶铺就的弯曲的洞里，黄昏和夜晚才外出活动，不易与人遭遇。

据研究，亚马孙食鸟蛛每年都需要蜕皮，甚至多次蜕皮，每次蜕皮后它就长大一次。蜕皮的时候，它们会躲在自己的家中，将洞口用丝封起来。蜕皮的时候，亚马孙食鸟蛛起初像死了一样平趴在地上，然后身子一下子鼓起来，将血抽到肥硕的腹部。肌肉收缩越来越快，身子也越鼓越大，最后将整个外壳迸裂。蜕皮之初，新的外壳还像橡胶那样柔软，但很快就会变硬而富有光泽。

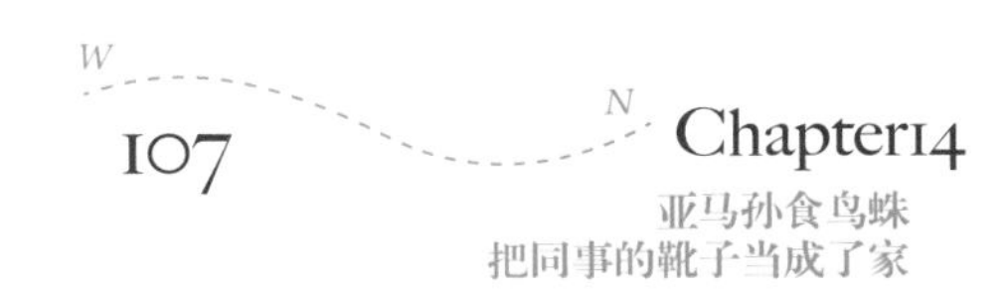

亚马孙食鸟蛛成年个体可达25厘米，有很强的攻击性，捕食啮齿类和有袋类等小型哺乳动物，有时也猎食蛇之类的爬行动物。

它们的嘴上长着一对尖尖的钩子，袭击时以钩子刺向猎物。每次捕食后，亚马孙食鸟蛛都要花很长时间来处理食物，它们将一种消化能力很强的液体注入已经死去的动物体内，使其组织分解。

有人曾仔细地观察过亚马孙食鸟蛛吃蝙蝠的全过程：亚马孙食鸟蛛从它身体的腹部吐出一根丝，将蝙蝠绑成一个小包，先从耳朵开始，然后是头，最后是整个身体。随后，亚马孙食鸟蛛开始疯狂地咬，直到在蝙蝠的皮上咬出一个可以注入消化液的洞。几个小时后，这只蝙蝠就仅剩下一对翅膀了。

[“残忍”的实验]

在努里格生态站附近的丛林里有一个亚马孙食鸟蛛的巢穴，为了拍摄亚马孙食鸟蛛捕食的场面，我曾和一位法国摄影师共同做过一个“残忍”的实验。这故事说起来有点长。

在生态站，我们有个绝对的原则便是不轻易干预周围的一切。所以，偶尔见到一两只大山鼠在大本营附近游荡，也不去理睬。可是，姑息便会养奸，它一会儿咬咬这儿，一会儿嗑嗑那儿，闹得大家不得安宁。

我有点忍不住了，在一个夜晚轻而易举地将它“请”进铁笼子里。第二天一早，便专程走进雨林，将它释放在数百米以外的地方。随后，我们过了几天安静的日子，以为从此相安无事了。可谁能想到，几天后的一个早晨，我从包裹中取出浴衣想冲个冷水澡，发现浴衣在前一个夜晚被嗑了大大小小十几个窟窿。

我当时只有一种感觉：那只大山鼠回来和我作对了。果然，晚上再安上捕鼠器，那只“发神经”的老鼠又被关在里面。我大清早急于进森林里追猴子，顺手将它放在房子的一角。

下午回来，摄影师问我：准备如何处置这个坏家伙。我确实有点犯难：送到森林里它会往回跑，生态站里又不许杀生，我总不能喊直升机来把它接到卡宴去吧。便顺嘴说：“我还没想好呢，你有什么高见？”“我们可以把它送给亚马孙食鸟蛛当点心，还可以利用这个机会拍几张有趣的照片。”我当时觉得这主意比较刺激，于是找了根深颜色的细绳，同摄影师一起把它拴在大本营附近一个亚马孙食鸟蛛的洞穴旁边。

随后，我找了根细树枝，伸到亚马孙食鸟蛛的洞穴里，轻轻捅了捅。果然，亚马孙食鸟蛛从洞穴里缓慢地爬出来。我用细树枝向山鼠的方向引导它，它也亦步亦趋地跟进，逐渐地到了大山鼠附近。

我们拿好相机，准备拍下那精彩的瞬间。大山鼠似乎感受到了危险，不停地跳蹿。亚马孙食鸟蛛也似乎意识到猎物就在眼前，机警地立起身来。忽然，大山鼠蹿到了亚马孙食鸟蛛面前，亚马孙食鸟蛛猛扑上去，几乎就是在一瞬间，大山鼠便一动也不动了。我急忙将拴山鼠的细绳剪断，眼看着亚马孙食鸟蛛将山鼠拖进了洞穴。

除了嘴上的钩子，亚马孙食鸟蛛的另一种武器是背上的毒毛。土著告诉我，若毒毛进入眼睛或鼻孔里会引起极强烈的刺激。我没有体验过这种滋味儿，但我宁愿相信这是真的。有一次我好奇地用一根细树枝逗一只亚马孙食鸟蛛，它受到袭击后倏地立起，将前爪高高扬起对着我。

过了一会儿，见没什么动静，它便放下爪，想悄悄离去。我用树枝前后左

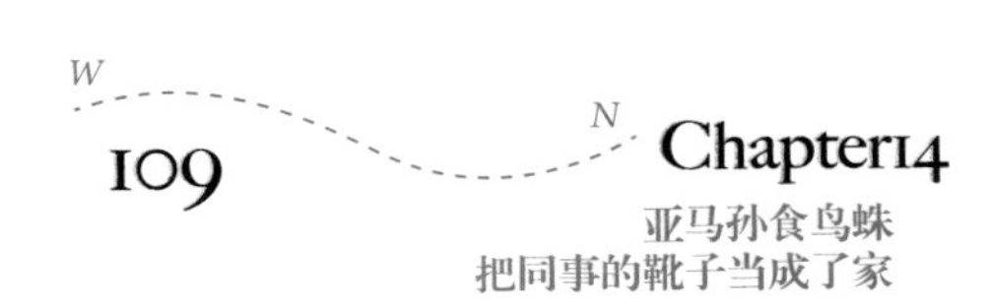

右地阻拦，它再次摆出防御的姿势。如此反复几次，它终于忍耐不住了，愤怒地用后足接二连三抓挠后背，顿时，细细的绒毛飘飘洒洒散向空中，我赶紧跑开了。

我没有研究过亚马孙食鸟蛛的繁殖过程，但曾经观察到许许多多的体型微小的亚马孙食鸟蛛趴在巢穴里用枯叶铺就的洞壁上，稍有异常的响动便争先恐后地爬进洞穴深处。看来它们是在母蛛的保护和喂养下长到一定大小才独立生活。

（上左）这只刺鼠似乎掌握了我们的作息时间，每天早中晚三餐的时候一定会准时出现在我们吃饭的房间附近，等待大家随手抛下的残羹剩饭。

（上中）亚马孙食鸟蛛举起前腿示威。

（上右）来自荷兰的野生动物摄影师弗莱得是个摄影高手和工作狂，每当遇到有趣的动物，他便会忘记一切地投入工作。这是他跪在一只蜥蜴面前，当然，不是祈祷，而是为了拍摄。

（下）亚马孙食鸟蛛毫不客气地猛扑向大山鼠，几乎就在一瞬间，大山鼠便一动也不动了。

15
第十五节
Chapter15

曾经难倒博物学家的奇特动物——树懒

科学家通过测定树懒睡眠时的脑电图发现，它们有时竟处于清醒状态，只是闭目养神罢了。

[奇异动物]

有一种动物曾经难倒了19世纪著名的法国博物学家布丰，布丰第一次在实验室见到这种动物的标本时，竟不知该如何摆放。它就是亚马孙特有的神奇动物——树懒。

专门研究树懒的专家发现，树懒在南美热带雨林里的密度实际上很高，但我们在森林里却极少能见到它们，这是因为它们的伪装术非常高明。我是靠运气才拍到三趾树懒的照片。它可能刚刚从地面爬上来，正抱在一根藤上睡大

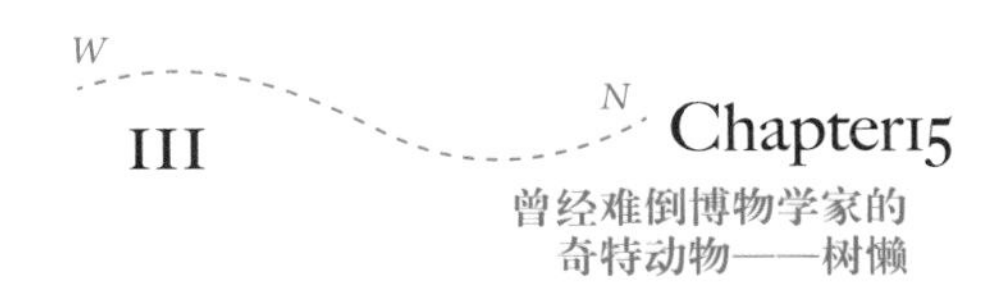

觉。我在它前后左右拍了一张又一张，相机“咔咔”地响，它竟无丝毫察觉。后来，我好奇地用手指轻弹它的脑袋，它才慢慢睁开眼睛，看看我，又没事儿似的睡去了。

南美丛林里共有5种树懒，根据趾数的多少被分为二趾树懒和三趾树懒两个属。它们可谓世界上奇异动物的好例证。

树懒的第一奇是倒悬术，它们一生中大部分时间是头朝下度过的。树懒细长的手掌被着弯曲的爪，像结实的钩子一样紧握住树枝，头朝下一动不动地长时间悬挂着。树懒的这种特殊体态使得它们不会走路，如果把一只树懒从树枝上捉下来放在地上，它就站不稳，走起路来也东倒西歪。有人好奇地估算过，树懒在地上每小时只能走100米左右，比乌龟还慢。

第二奇是睡眠术。树懒当数动物王国的睡觉冠军，平均每天睡眠十七八个小时，即使醒来也极少活动，故此被称作“懒”。

因为它们是极端的叶食性，而雨林里一年四季充满了树叶，所以树懒是绝对不必为吃发愁的。由于树叶水分多，环境又湿润，树懒也用不着下地饮水。真是懒兽自有懒福气！

最近，科学家通过测定树懒睡眠时的脑电图发现，它们有时竟处于清醒状态，只是闭目养神罢了。不过，树懒有时也下到地面上，而且是为了一种正常的生理需求：排泄。树懒每星期至少排泄一次，排泄时用前臂抓住树枝，用悬空的后肢在地面挖一个小坑，然后直接便在坑里；再用四周的泥土覆盖，随即赶紧爬上树。否则，因其行动缓慢，在森林的下层逗留久了极易被四处游荡的美洲豹或美洲狮吃掉。

（上）我在森林里遇到这只树懒，好奇地敲敲它的脑门，它才睁开眼睛看了我一眼。

（下）专门研究树懒的专家发现，树懒在南美洲热带雨林里的密度实际上很高；但我们在森林里却极少能见到它们，这是因为它们的伪装术非常高明。

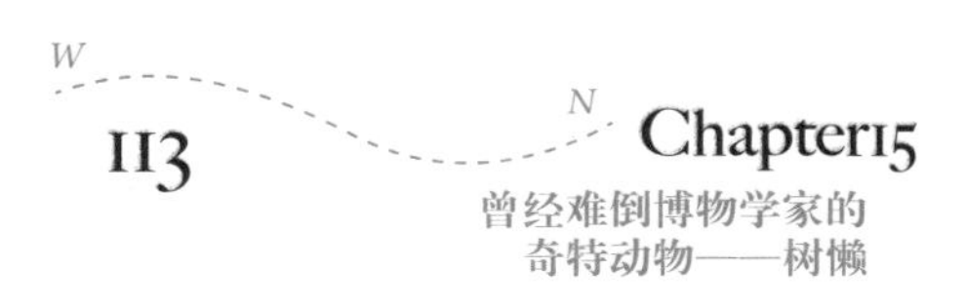

我就见过这样一段录像：一只树懒排便之后正往树梢上爬，被一只美洲狮发现了。美洲狮以奔跑的加速度向树上爬，第一次失败了；再冲一次，又失败了；美洲狮发怒了，在树干上用力摩擦自己的爪，随后发起第三次冲击。这一次终于接触到猎物，美洲狮用口紧紧咬住树懒的屁股，而树懒也紧紧抱住树干不放。这戏剧性的一幕就这样持续了一会儿，树懒终于挺不住了，松开前肢，成了美洲狮的腹中餐。

树懒的第三奇是隐蔽术。树懒有极巧妙的伪装术，绿藻、地衣等植物孢子落到皮毛上，由于它们身上散发的蒸气和嘴里呼出的碳酸气，便在它们的皮毛上滋生了。雨季里，它们的毛发上长满了绿藻，有时其间甚至还生活着小昆虫。绿藻和昆虫从树懒皮毛的分泌物中汲取营养，也为寄主涂上一层隐蔽色。树懒的不活动加上隐蔽术使得凌空盘旋的鹰很难发现它们。

另外，它们的身体很轻，可以爬上细小的树枝，而其天敌食肉动物却无法爬上这样的细树枝。所以，这些奇异动物得以生存下来。

【丛林知识】

伟大的亚马孙河

亚马孙河是拉丁美洲人民的骄傲。它起源于安第斯山脉中段，沿途接纳1000多条支流而交织成稠密的河网，浩浩荡荡，千回百转，蜿蜒流经秘鲁、巴西、玻利维亚、厄瓜多尔、哥伦比亚和委内瑞拉等国，滋润着800万平方千米的广袤土地，孕育了地球上最大的热带雨林，使亚马孙河流域成为全世界公认的最神秘的生命王国。

亚马孙河全长6400多千米，在世界河流中位居第二，仅次于长6671千米的尼罗河。但它每秒钟把120000立方米的水注入大西洋，比尼罗河多60倍，这使它成为世界上流域最广、流量最大的河流，故被称为“河海”。

亚马孙河曾有过不同的名字，第一批葡萄牙探险者称它为“马腊尼翁”，意思是迷宫，因为这些探险者当中的一位曾经抱怨说：“那是唯有上帝才能解开的马腊尼翁。”

1542年，一位探险者声称在河边遇到了一支土著部落，该部落的斗士都是高大的白种妇女，仿佛是古希腊的亚马孙族女战士。于是，这条浩瀚、波澜壮阔的大河便被称作亚马孙河。

[丛林信件]

白领南美鵟

立新：

今天发生了一件可笑的事情：卷尾猴和白领南美鵟打起来了。以前忘了告诉你，我在生态站还有一对特殊的老朋友——白领南美鵟。

这种猛禽体型中等大小，背羽为醒目的白色，平素主要以爬行动物中的蛇和蜥蜴为食，也偶尔吃一些大个头的昆虫。按道理，它们本来不应该与以水果为主食的卷尾猴发生冲突，可神奇的自然法则偏偏将它们联系在一起。

因为有学者认为白领南美鵟会捕食幼猴，我真担心它们会在不知什么时候出其不意地掳走一两只卷尾猴幼崽儿，颇为卷尾猴捏了一把汗。无奈的是，我研究动物在大自然中的生态行为，不能将个人的喜好强加到动物的捕食与竞争关系中，只能对恃强凌弱的争斗袖手旁观。

不过，我发现卷尾猴对白领南美鵟并非十分介意，有时白领南美鵟近在3～5米之内，卷尾猴竟泰然自若地进食或嬉戏。只是当白领南美鵟从上空翩翩掠过时，才会有一两只猴子发出清脆而短促的犬吠般的警叫声。更有甚者，成年雄猴还敢向白领南美鵟发起进攻。

今天上午，我无意中发现雄性猴王正沿着一棵树干悄悄向下移动，眼睛还紧盯着地面上的某一处。我猜想，这个机敏得近乎狡猾的家伙肯定又要上演一出“徒手擒拿”的捕猎好戏，便一动不动静静地观瞧。

逐渐地，卷尾猴越来越接近地面。就在这时，一只白领南美鵟猛然间不知从何处飞来，向猴王注视的地方冲去。

说时迟，那时快，猴王“嗷”地大叫一声，一下子扑到地面；紧接着，嘴里叼着一个黑糊糊的东西急速地蹿到树梢上。白领南美鵟迟了一步，一个急转弯回到距离猴王不远处的树枝上。我举起望远镜仔细一看，原来猴王捉到了一只硕大的蟾蜍，正在如狼似虎地大嚼大咽。

白领南美鵟体型中等大小，背羽为醒目的白色，平素主要以爬行动物中的蛇和蜥蜴为食，也偶尔吃一些大个头的昆虫。

再看几米外的白领南美鵟，正虎视眈眈地盯着猴王，似乎不情愿丢掉这已经到了嘴边的肥肉。大约十几分钟的时间静悄悄地划过，可怜的蟾蜍被卷尾猴生吞活剥地吃掉了。

随后，猴王丢掉啃剩的骨架，懒懒散散地攀向高处，继而向栖息的树枝走去。方才的一对敌手离得近了，更近了。突然，猴王风驰电掣般朝着白领南美鵟扑过去；后者慌了，连忙扇动翅膀躲闪猴王的袭击；猴王则站在白领南美鵟栖息过的地方，不依不饶地冲着它狂叫。

我相信，白领南美鵟追随卷尾猴群不是为了捕食幼猴，而是为了捕食被猴群移动时所惊动的树栖的蛇。

森林中的很多动物都有不同程度的拟态，静止时不易为天敌发现，树栖的蛇也是这样。而卷尾猴移动时摇曳树枝且发出噪音；蛇受干扰而开始活动，便给天敌白领南美鵟提供了可乘之机。自然选择就是这样使野生动物进化出许许多多看似聪明的生存对策。

树义

9月8日

写于努里格

一对蜥蜴情侣。

16

第十六节

Chapter16

拍摄小蜂鸟

蜂鸟还有高超的飞行技巧。它们不仅飞行速度快，而且能悬空不动和倒退着飞，俨然一个出色的飞行表演家。

[灵性鸟类]

在雨林里观看蜂鸟是件极为惬意的事儿。它们一会儿悬飞在花前，长长的喙探进深深的花筒；一会儿飞落树梢，精心梳理纤细的羽毛；一会儿在溪流上嬉戏，不停地拍打水花；一会儿又前后追逐，箭一般地在林间穿来掠去。有时，它们甚至会悬在我鼻尖前几十厘米处，或者围着我的脑袋转上一两圈，机警地尖叫着。每每遇到这种情形，我总是想：人类发明的直升机有朝一日也许会有它们的灵巧，但却永远也不可能有它们的灵性。

蜂鸟是一类非常奇特的动物，除了娇小的身材，它们还有很多特别的地方。蜂鸟以花蜜为食，有善于吸吮花蜜的长嘴巴。它们的喙进化成细长的管

蜂鸟吸蜜的技术很高，将身体悬飞在花前，管状的长喙迅速而又准确无误地插进花筒里，这在飞禽家族中恐怕是绝无仅有的。此外，蜂鸟形成了奇异的扑翼本领：双翅的振动频率每秒在60次以上，最高甚至可达90次，是世界上振翅最快的鸟类。

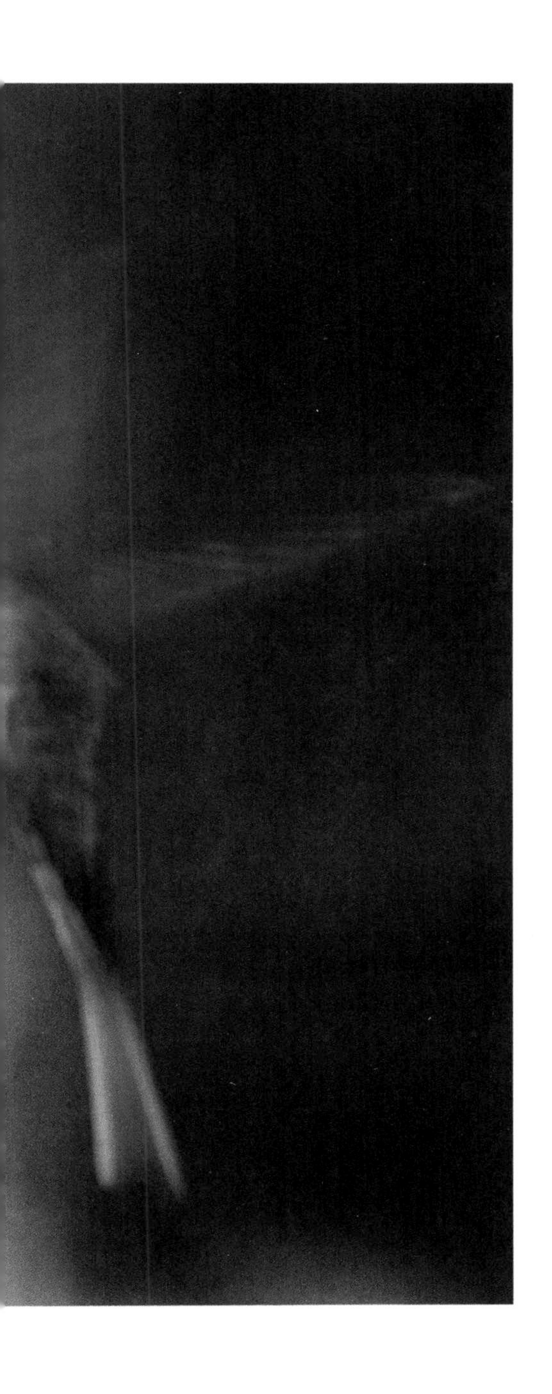

状，不少种类的喙长超过体长。一些种类的喙甚至进化为长且弯曲的形状，以利于伸进花筒；它们的舌头也演变成重叠的两瓣，取食时卷成筒状吸取花蜜。

蜂鸟还有高超的飞行技巧。它们不仅飞行速度快，而且能悬空不动和倒退着飞，俨然一个出色的飞行表演家。蜂鸟的体型和翅膀很小，相对面积也不大，要保持一定的飞行速度和空中悬停，就得像昆虫一样加快翅膀的振动次数。特别是面临敌害时，只有快速振动双翅才能脱离危险。此外它们的外表非常漂亮，有艳丽的羽毛，而且羽毛具有特殊的反光作用。蜂鸟家族的成员大都披着漂亮的羽毛，有的拖着长长的尾巴，悬飞时尾羽不停地画着圈儿。有的颌下嵌着羽毛，好似扎着飘逸的彩带。

大多数蜂鸟的羽毛是五颜六色的，很纤细，很光滑，迎着阳光飞行时会反射出不同的色泽。特别是当它们做翻转动作时，由于角度的不同而使颜色变幻得绚丽多彩，更增添了迷人的魅力。生态站附近最常见的一

种蜂鸟身体呈蓝色，前胸镶着一块宝石绿，在阳光的照耀下熠熠生辉。不过，也有些种类色泽暗淡，这样的蜂鸟一般生活在森林的下层。在这种阴暗的环境下，它们不易被天敌发现。

蜂鸟的新陈代谢非常旺盛。据测量，蜂鸟正常的体温是43℃，心脏跳动每分钟615次。为了维持强有力的飞行，蜂鸟的食量大得惊人，每昼夜吃的食物重量要比自身体重多一倍。

[拍摄蜂鸟]

拍摄蜂鸟的照片需要有良好的技巧和特别的耐心。它们飞行的速度太快，不可能进行跟踪拍摄。唯一的办法是将长焦镜头对准一朵花耐心地等待，而且必须使用闪光灯；否则，由于扑翼速度太快，在它双翅振动的地方只能见到一团灰白色烟雾。

拍摄的时间最好选在早晨，因为经过一个长夜，它们急需补充营养和能量。如果需要蜂鸟在一朵特定的花前停留的时间长一点，还可以往花筒里滴两滴蜂蜜。

不必担心蜂鸟会故意跟人捉迷藏，它们有惊人的分辨力和记忆力。在花间，它们一朵接一朵地吸食花蜜，既不遗漏，也不重复。可以说，是自然选择为它们造就了这样高度节能的本领。

如果没有长焦镜头，也没有闪光灯，还可以采用另一种“坏”办法，我就做过这样的尝试。一次我在森林里遇到了一个长喙蜂鸟的巢，里面有两只幼雏，很自然地便想把它们拍下来。可是不巧，闪光灯出了毛病。为了拍到

长喙蜂鸟入巢的情景，我做了个冒险的尝试：在有两只幼雏的巢前支起三脚架，使用标准镜头捕捉蜂鸟入巢的瞬间。一切准备就绪，我耐心地等待。不一会儿，蜂鸟飞来了，它发现“家”门前出现了一个陌生的庞然大物，发出惊恐的尖叫声，围着相机和我转了两圈儿，便一溜烟地飞走了。我继续守株待“鸟”。

大约10分钟后，蜂鸟回来了，依旧是故伎重演，飞来又飞去。又过了六七分钟，它再次飞来，围着我和相机转了两圈，落在巢附近的树枝上，似乎在慢

蜂鸟给幼鸟喂食。

生态站附近最常见的一种蜂鸟身体呈蓝色，前胸镶着一块宝石绿，在阳光的照耀下熠熠生辉。

蜂鸟采食花蜜。

条斯理地梳理着羽毛。

我屏住呼吸，右手紧握快门线，身体一动也不动。忽然，蜂鸟倏地又飞走了。我刚要松口气，谁知它竟从不知什么地方一头扎下来，闪电般地出现在巢前。我毫不怠慢，猛地按下快门。“喀嚓”一响，蜂鸟惊叫着窜进了密林。

我默默地祈祷，但愿它不会一去不复返。一会儿，蜂鸟倏地又悬在巢前。我再次按下快门，它又惊飞了；但转瞬间再次飞来，而且这一次竟不顾一切地扑到巢上。

我狠狠心，又按下快门；它惊恐地扎起翅膀，但没有飞走。我不敢再动一动，屏住呼吸，眼睛一眨也不眨，静静地看着它将食物吐到幼雏的嘴里。它是冒着生命危险哺育幼雏的！终于，蜂鸟妈妈喂完雏后轻快地飞走了，我也悄悄地离开。

第二天清晨，我再去看那个鸟巢，两只幼雏安然地卧在巢中。我长长地松了口气！

[丛林信件]

蛇的拜访

立新：

今天早晨，又有条蛇主动前来登门拜访我们。一大早，有人在鞋里发现了一条黄色小蟒。它刚吞食了一只绿色大鸟，肚皮撑得半透明，躲到鞋里消化来了。

前几天，一个暴雨倾盆的下午，一只巨大的青蛙在帐篷旁边发疯般地向前蹿。我探头一看，好家伙！原来是一条3米多长的棕黑猎蛇尾追其后。

我刚到丛林的时候还比较怕蛇，不过现在逐渐地见得多了，便学会了如何鉴别有毒蛇与无毒蛇，对蛇不再恐惧，也早已经不再使用皮绑腿。

其实，有毒蛇与无毒蛇之间是有很大区别的。有毒蛇主要分为蝰科和眼镜蛇科。蝰科蛇头部呈膨大的三角形，尾部骤然变细；眼镜蛇身体一般有环纹。

不过，更精确的外形分类标准还在于它们体表的鳞片结构和形状。蛇一生中可以多次蜕皮和变换体色，但鳞片结构是一成不变的。

现在，我竟不知不觉地喜欢上蛇，也开始“玩”蛇了。生态站有规定，为了鉴定和研究的需要，可以捕捉动物，但必须在最短的时间内将它们送回“原籍”。

树义

9月28日

写于努里格

17
第十七节
Chapter17

与蟒蛇较量

嘿！难怪哥俩比以往喊叫得更令人毛骨悚然，一条蟒蛇竟然大摇大摆地横在他们的门前。

[“空中彩虹”]

一天傍晚，我正在吊床里整理白天的观察数据，猛听见邻近帐篷里两个撒拉马干朋友变了音调的惊叫声。不用猜便知道，一定又有蛇前去“光顾”了。说来也怪，这两位丛林黑人可以镇定自若地面对凶悍的美洲豹或者一大群上百只的野猪，单单对蛇，哪怕是最小的无毒蛇也恐惧得要命。

我急忙爬起来帮他们“解围”。过去一看，嘿！难怪哥俩比以往喊叫得更令人毛骨悚然，一条蟒蛇竟然大摇大摆地横在他们的门前。虽然是第一次见到这种蟒，但根据书中照片留下的记忆，我一眼就认出这是“空中彩虹”。

清早，我将蟒蛇放在空地上，大家都以为它会飞似的逃遁，做好了抢拍的准备，谁知它竟耍起倔来，身体盘卷着，在众目睽睽之下一动也不动。

这种蟒蛇之所以有这么一个漂亮的名字，是因为其棕色身躯在阳光下闪烁着金属光泽；加上体表嵌着大大小小的暗黑色圆环，正仿佛雨后的彩虹。搏斗的兴致霎时被这美丽的爬虫激起，我取了根适手的棍子，试图按老办法用棍子压住头颈，然后攥紧它的后颈以免遭它攻击。

谁知这一次竟不奏效，“空中彩虹”头颈和身体剧烈地扭曲，顶着棍子的压力快速蠕动。我不能用力过猛，怕伤着这位“稀客”，又不敢贸然去抓，眼瞧着它钻入木板下的空隙中。这下子麻烦大了，如果不把这条蟒蛇抓出来，两个撒拉马干朋友是绝不敢进帐篷里睡大觉的。

我灵机一动，想了一个好办法。取出平时捉蝴蝶用的网，让别的同事在另一侧连敲带推将蟒蛇逼出来；我则守株待兔似的将网支好，等待它钻进去。

“空中彩虹”按照我的安排缓缓地爬进网里。可惜，网太浅，蟒蛇的头已触底，身体却还有三分之一留在网口外；更出乎意料的是，它可能意识到被围困，猛烈地向前闯，竟把网底撞开一个洞。我不敢再怠慢，伸出左手一把抓住它的脖子。蟒蛇也急了，头和颈猛烈地摇摆，想从我的手中挣脱；身体也扭来扭去，试图缠卷我的手臂和身体。我用右手化解了蟒蛇的一个个招数，避免被缠住；左手仍紧握住它的颈部不放。

僵持了几分钟，“空中彩虹”被降服了。一点点将它从网中取出，两手托着沉甸甸的蟒蛇，我兴奋极了。此时，夜幕已经降临，站里的同事都希望第二天能同“空中彩虹”合个影。我便将它放在封闭的桶里，委屈一夜。

第二天清早，我将蟒蛇放在距离撒拉马干朋友的帐篷较远的空地上。“空中彩虹”被从桶中倒出来的瞬间，大家都以为它会飞似的逃遁，做好了抢拍的准备。谁知它竟要起倔来，身体盘卷着，在众目睽睽之下一动也不动。

几个法国女学生小心翼翼地上前抚摸这乖巧而又温柔的爬行动物。或许是抚摸的手重了，或许是恢复了野性，蟒蛇猛地探出头，口吐鲜红的芯子，身体开始蠕动，紧接着全身扭曲。我急忙跑到蟒蛇前方，试图阻止它一下子逃进森林。这一次，“空中彩虹”发怒了，昂起头“唰”地扑向我；我急忙躲闪，不愿再和它作对，更不想伤害到它，眼睁睁地看着它消逝在丛林的边缘。

与“空中彩虹”较量一番后，它终于被我抓在手里。

“空中彩虹”非常漂亮，同事们纷纷来观看。

[丛林信件]

偶遇野猪

立新：

今天上午，我在森林里碰到野猪，还好有惊无险，要知道，亚马孙丛林里，除了美洲狮和美洲豹，野猪也是丛林里令人害怕的猛兽，尤其是当它们聚成几十只甚至上百只的时候。

这一段时间生态站的空气比较紧张，原因是有50多只野猪反反复复地出没于生态站附近。据戴斯年和维年介绍，野猪一旦发狂，会向所有的目标发动攻击，连美洲豹也要退避三舍。

我没想到我这么“幸运”，竟然与野猪不期而遇。上午我正在一块平坦的地方慢步行走，忽然听到一阵由远而近急促奔跑的脚步声，我暗道：“不好，一定是猛兽袭来了！”急忙从背上抽出砍刀。

正在这时，一只野猪从我面前倏地蹿了过去，另一只紧紧跟在它的后面。更出人意料地，这后面的野猪竟在离我不到一米远的地方猛地停住，两眼紧盯着我，似乎很吃惊。

我也紧盯着它，右手紧握砍刀，双脚一动不动。过了不知有几秒钟，它突然“嗷”地叫了一声，调头跑开了。原来，它们是在自相追逐，不是冲我来的。不过，我还是担心它们的大部队就在不远处，急忙返身奔回生态站大本营。

树义

10月6日

写于努里格

18
第十八节
Chapter18

小心吸血蝙蝠

“早晨四点钟，我从吊床上醒来，发现自己身上到处是血迹。上帝啊，到底发生了什么？”

[吸血蝙蝠的暗算]

动身去雨林之前，我翻看了几本早期赴亚马孙探险者的回忆录，其中读到过这样一段文字：“早晨四点钟，我从吊床上醒来，发现自己身上到处是血迹。上帝啊，到底发生了什么？”

原来，他是遭到了吸血蝙蝠的“暗算”。作者进一步记述：“这类蝙蝠体型巨大，在人或其他动物熟睡时吸血，有时直到后者死亡。它们具有奇特的吸血本领，可以本能地辨识出熟睡的人或其他动物，一边扇动翅膀一边轻轻咬破袭击目标的皮肤。因为伤口极小，所以受害者感觉不到疼痛。于是，吸血蝙蝠便从这个小口不停地吸吮，直到几乎飞不动为止。”早期到亚马孙探

险的很多旅行家都有过类似的记载，人们因此错误地以为新大陆所有的蝙蝠都食血。

其实，全球真正以血为食的蝙蝠只有3种，主要分布于新大陆的热带地区，仅有普通吸血蝙蝠进入北美洲的得克萨斯南部。可以说，吸食其他脊椎动物的血可能是蝙蝠最特别的食物习性；这种食物习性在哺乳动物，甚至可能在所有脊椎动物中都是唯一的。

吸血蝙蝠有很多与吸血食性相适应的特点：鼻叶有热感器，以便探测皮肤的毛细血管丰富处；特化的犬齿能切断毛发；长而尖锐的门齿可毫无痛感地在皮肤上咬开一个口；抗凝素可以防止血液凝固；槽状舌有助于血液迅速流向口腔内；特化的胃和肾能迅速除去血浆；在吸血完成之前，它们通常已经开始排泄。一般来说，一只吸血蝙蝠不太可能吸干受害者的血，但几只蝙蝠对一只幼畜或一个小孩的袭击则有可能导致受害者死亡，这也主要是由于伤口不凝，导致持续大出血造成的。

[地道“吸血鬼”]

吸血蝙蝠吸血时总是采取偷袭的办法，它们还会针对不同的对象选择不同的吸血部位。例如，遇到牛和马，专咬背部和体侧；遇到猪，专咬腹部；遇到鸟和家禽，则咬腿部。有人曾观察到吸血蝙蝠与大公鸡之间戏剧性的一幕：吸血蝙蝠用翼钩攀住雄鸡的腿，后腿站在地上；鸡走它也走，边走边吸鸡的血。

吸血蝙蝠吸血时总是不厌其多，把肚子喝得鼓鼓的。有人估计，一只吸血蝙蝠一生能吸血100升，可谓地地道道的“吸血鬼”。更令人深恶痛绝的是，吸血蝙蝠在贪得无厌的吸血过程中，往往把各种疾病带给被害者。例如，它在吸取马的血液时，能传播锥虫病；在咬伤人和其他家畜时，最易传染狂犬病。因此，吸血蝙蝠是居住在热带丛林中的人和牲畜的大敌。

不过，普通吸血蝙蝠之所以成为害兽也是因为新大陆大量引入马、牛和其他家养动物，这些广泛的食物源使普通吸血蝙蝠的种群在过去500年间显著增

长。同时，那些地区的人口也在不断增长。因为地处热带，当地人习惯于敞着门睡觉；而且，由于贫困，很多人露宿在无遮无掩的地方；吸血蝙蝠因此又增加了额外的食物来源。

所以，很多关于吸血蝙蝠袭击人的描述并非虚构。但吸血蝙蝠的体型实际上并非很大，成年个体只有30多克重，翼展30厘米。在亚马孙丛林生活的日子里，我们每个人都睡在棉布做成的大蚊帐里，这既是为了防蚊虫叮咬，也更是为了避免受吸血蝙蝠的袭击。所以，几年的时间里，生态站里还没有人遭吸血蝙蝠的暗算。

蝰蛇吞噬蜥蜴。

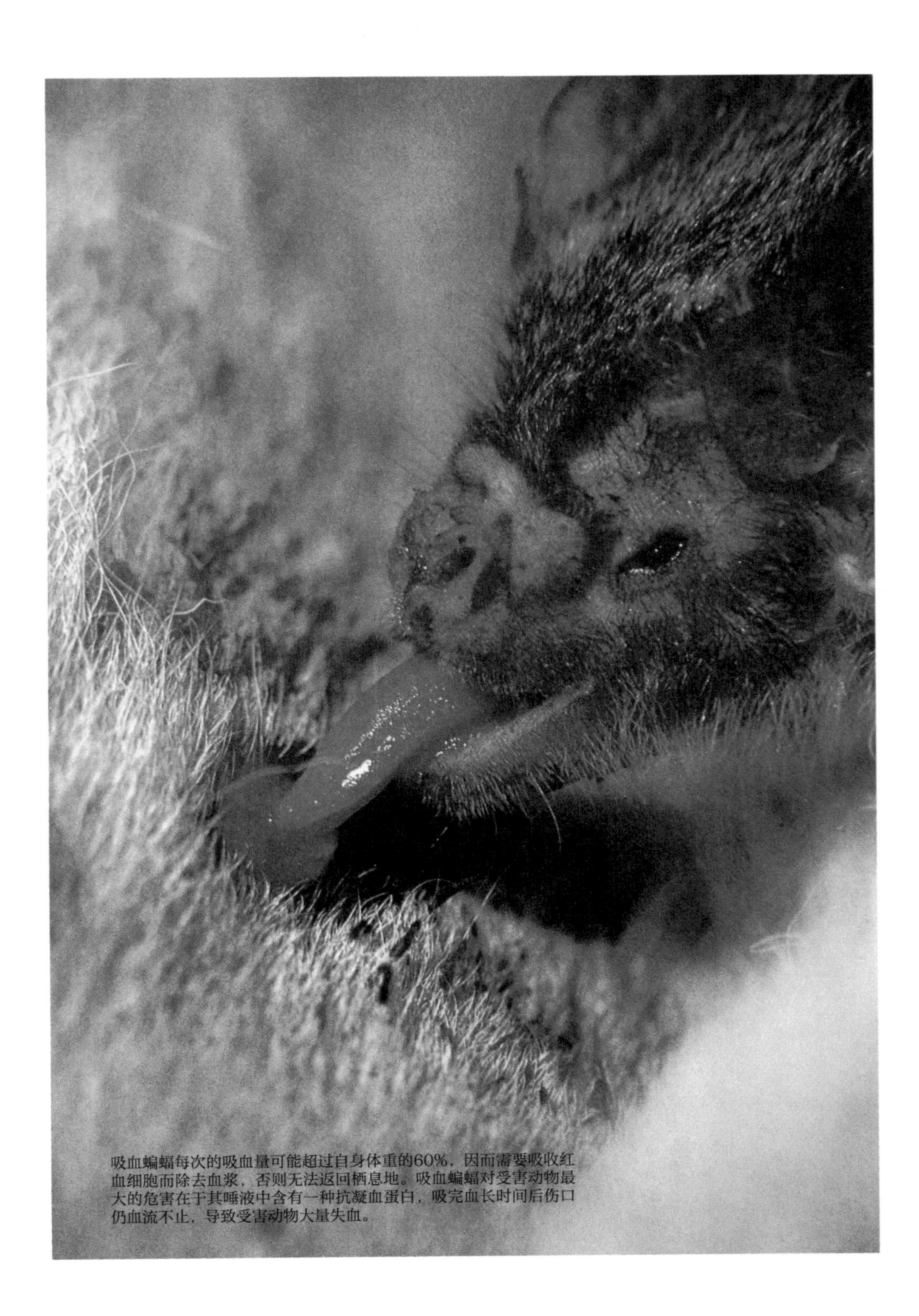

吸血蝙蝠每次的吸血量可能超过自身体重的60%，因而需要吸收红血细胞而除去血浆，否则无法返回栖息地。吸血蝙蝠对受害动物最大的危害在于其唾液中含有一种抗凝血蛋白，吸完血长时间后伤口仍血流不止，导致受害动物大量失血。

[丛林信件]

拟态高手

立新：

我见到美洲貘了！

今天傍晚，森林里已经很黑了，我在返回大本营的路上突然遇到一条红色的蛇，我好奇地看着它。因为蛇在比较泥泞的水边，加上跑了一天也疲劳得很，我不愿意再挪动脚步去捉它。

蛇慢慢地滑进草丛，又游进小溪，在水面上呈之字形摆来摆去。我正看得出奇，忽听到不远处有动物蹚水发出的哗哗的声音。凭经验，我感觉得出这是一只体型庞大的野兽，便慢慢向发出声响的地方转过身，定睛搜索。

原来是只尚未成年的美洲貘，身上还隐约可见几块斑纹，它正不慌不忙地从小溪走向岸边。我赶紧抬起望远镜，刚刚将焦距对准目标，美洲貘却已缓缓地消失在树木之中。

美洲貘是严格的素食者，爱吃水草、水果和多汁的树叶和嫩枝芽。在努里格森林里，有大片浆果掉落的树下，总会留下一些硕大而零乱的脚印，它们的主人便是美洲貘。

从脚印的新鲜程度和出现的频率可以判断，这种奇兽经常出没于生态站大本营附近。然而，要想目睹其尊容还真是不容易，因为它们异常警觉。

美洲貘胆小，性情温和，奔跑速度不快，而且既没有尖尖的牙齿和锋利的爪，也没有锐不可当的尖角作为自卫武器，但却能世世代代繁衍下来，真是兽类世界罕见的奇迹。

其实，貘有特殊生存之道：潜水。它们把家安在水边，而且练就了过硬的游泳本领，再加上十分敏锐的听觉和嗅觉，只要稍有风吹草动便立刻跳入水中躲避敌害。

据两个撒拉马干朋友讲，貘入水如履平地，而且可以长时间潜入水下甚至在水底行走。对此，我没有亲见，也不敢轻信。但有一点是确切无疑的，那就是貘不仅喜欢水，而且喜爱在有水的泥潭里打滚。在森林里稍有积水的地方，经常会留下美洲貘洗“泥浴”的痕迹，我们戏称这样的地方是美洲貘的“浴盆”。

美洲貘的这种行为也是一种重要的适应对策，它们没有尾巴，不能驱赶蚊蝇的叮咬，洗一场“泥浴”便为自己涂上了一层防护层。不仅如此，它们还喜爱在池塘或溪水中排泄粪便，这很可能是貘为了不被美洲豹之类的天敌发现而采取的掩盖行踪的手段。

我们每天喝的水都是从林中的小溪中引来的，不知道有没有貘在上游“出恭”，不过我们从来没发现水中有异味。

树义

10月16日

写于努里格

鸟类中也不乏拟态高手，记得第一次攀上生态站附近的裸山，我被一块突然飞起的“石头”吓了一跳，等它落地后定睛一看，哪里是什么石头，而是与岩石表面的颜色和斑点一模一样的夜莺。

貘很善于在丛林中隐藏自己，所以通常很难遇到。

19

第十九节

Chapter19

从林里的“丢人”事件

保罗没带灯，不可能摸回生态站大本营；问题的严重性还在于他基本上不清楚自己的确切位置。

[森林迷失]

在丛林里穿行不像在“文明”地区，这里没有地图，对环境不熟悉的话，很可能迷路。森林里充满危险，所以每次有人走丢，在努里格工作的人员都会全体出动寻找。

吉哈是卡宴大学地理系的教授，我跟这位先生从未见过面，但一进入生态站，写着吉哈字样同时标有箭头的塑料彩条宛若联合国的旗帜一样挂在森林的各个角落。

原来，就在我进入生态站的十几天前，这位教授在努里格森林失踪了。生态站的人找了一天一夜，没有结果，只好通过无线电向卡宴警察局报告。警察局同军方联系，军方派了20多名宪兵乘军用直升机进生态站搜索。结果，找了两天两夜，还是杳无音讯。第4天早晨，从他的家里传来消息：吉哈到家了。

努里格生态站的成员来自许多国家，大家有一个共同点，就是对热带雨林充满热爱。

后来，吉哈教授写了一份30多页的报告，记述自己走失的经过，以及在丛林里3个昼夜的漂泊生活。他是一位观光客，由于直升机有空位置，便随同在生态站工作的朋友前来努里格。

早晨，他跟随朋友一同到森林里工作，中午吃完野餐，他想回大本营睡会儿午觉，并非常自信地认为自己完全记住了来路，拒绝对方送他回营地。他按照来路往回走，可能是在一个三岔路口选错了方向，走了近一个小时还没到大本营。根据行走的时间，他断定自己走错路了。

本想顺着来路走回去，但职业家的自信让他决定抄一条他自以为是的近路兜回去。结果，走来走去，三四个小时过去，他彻底糊涂了，搞不清自己究竟在哪儿。于是，他就地停下来，等待生态站的人来寻找自己。

确实，这是在森林里迷失方向后的最佳选择。可惜，他没等一会儿就失去了耐性，或许是觉得一个地理学教授被人找回去没面子，便决定沿着溪流向下

走。倒也不愧是个有学问的人，他这样分析：所有的溪流都要向下流，最终汇合到法属圭亚那最大的普瓦河；沿着溪流一直向下走，到了普瓦河之后顺河漂下去，便会到达河边的村庄。于是，他这样想，也就这样付诸行动了。

当天下午剩余的时间里，他沿着溪流向下走，见到能吃的野果便摘下来充饥。第一个夜晚是在一棵躺倒的粗树干上度过的。一夜的蚊叮虫咬自不待言，幸亏没有美洲豹前来觅食，也没遭到吸血蝙蝠的袭击。

次日早晨继续向下走，未及中午便到了普瓦河上游。将衣服卷在一起缠在身上，他干净利落地跳下了河。在河里漂游了一整天，他在一块大石头上度过了第二个夜晚。第三天继续漂游，游着游着，遇见一个巴西人驾驶摩托艇经过。搭了个便乘，他与巴西人一起在船上度过了第三个夜晚。第四天早晨，终于到了卡宴。

[寻人趣事]

吉哈教授丢失的事件刚好发生在我进丛林之前，自己没有参与满山遍野的大搜寻。可是，很快我就参与了一次类似的“操练”。

保罗是玛霞的哥哥，也是位大自然爱好者。由于玛霞到生态站研究箭毒蛙，他便利用休假的机会前来努里格观光。一天傍晚，我刚从森林里回来，还没来得及换洗脏衣服，便听到对讲机里有人呼喊。根据声音，我判断是保罗，于是把对讲机交给玛霞。

玛霞笑哈哈地讲了几句，然后告诉大家：保罗迷路了。保罗没带灯，不可

玛霞的哥哥保罗。我已经说不上有几天没有刮胡子、几个月没有剃头了，但还是没有他的长。

在亚马孙热带雨林里，裸山是不多见的特殊生态类型。它本身是巨大的岩石，表面沉积了薄薄一层沙土，零星生长着凤梨科草本植物和灌木杜鹃。在裸山和常见的高树林接壤之处，植被类型逐渐由矮向高过渡，形成一条特殊的演替带，是研究热带雨林的进化和演替的理想场所。

闲暇的时候，我们会长途跋涉到8千米以外的大河流域，戏水钓鱼。这是一种当地常见的鲳鱼。

能摸回生态站大本营；问题的严重性还在于他基本上不清楚自己的确切位置。当时，生态站里的两个撒拉马干朋友不在，我是唯一研究大型动物的人，跑的地方最多、最远，也最有可能根据保罗的描述猜测到他的大致位置。值得庆幸的是，他随身带着步话机。

于是，我们两个都不是法国人的人开始用法语对话。我首先让保罗告诉我他在生态站大本营的哪个方位，然后是附近有什么特殊的东西，最后见过的路标是什么。几个信息一综合，我判断他是在一块相当平坦，但由于距离远而很少有人光顾的地方。

我提出自己的看法，没有人反对，于是我们迅速出发。沿途，我们与保罗之间对讲机通话的声音越来越清晰，这说明彼此之间的距离在缩短。大约一小时后，我们大声呼喊，听到微弱的应答，保罗找到了。

回到生态站，保罗给我们讲述了他富有传奇色彩的一天。他是在上午较晚的时候才出发，本打算在森林里走几个小时就回来，所以没带头灯。谁知他一进丛林，就遇到一群卷尾猴，他于是拿出摄像机跟踪卷尾猴拍摄了起来。这一群卷尾猴被我跟踪得不太怕人，我那天刚好在做别的工作，没跟卷尾猴在一起，保罗便在不知不觉之中同卷尾猴一起度过了几个小时。

在保罗拍摄的作品中，可以清晰地看到卷尾猴相互追逐和打闹的场面，难怪他忘记了时间。后来，他看了看表，知道该往回走了，却正巧又遇到一群野猪拦住他的去路。他一方面很开心，终于有了拍摄野猪的好机会；但同时又有些害怕，不愿给它们发现而发生你死我活的冲突，只好拍完一些镜头之后绕道而行。绕来绕去，时间过去了，方向也糊涂了，结果是回不了大本营了。

一年以后，努里格又有了一次更大的“实战”。原来，生态站不久前来了一位原籍澳大利亚、就读于荷兰瓦格宁根大学的青春少女，名字也少见——雍卡。这个女孩子一看便知道是个典型的性格外向的西方女郎，说话大嗓门，笑起来无拘无束。

一个傍晚，天完全黑下来了，她还没回生态站大本营，一清点物品，发现她没带步话机，也没带头灯。毫无疑问，得出去找她了。于是，我们顾不得吃晚饭，大家分头行动。除了戴斯牟和维牟，我当时已经是生态站的老资格了，于是便安排大家兵分三路。

我白天跟踪猴子跑了一天，累得实在不想再动，便爬上大本营北侧最高的山峰，用步话机协调三路人马。从晚上6点多一直折腾到半夜，才把她从以我的名字命名的瀑布处找了回来。

回来后听她描述，她自己都没弄清楚究竟是如何走到那么远的地方，而且彻底地迷失了方向。她本来是在生态站大本营的东侧，却坚信自己是在西侧，结果是一味地向东走。

好在夜幕降临，阻止了她继续前行，否则她那傻小子般的性格非让她一直走下去不可。如果这样结果可就惨了，茫茫雨林里找一个人，犹如大海捞针一般。不过她也真的很有胆量，一个人没有丝毫的恐惧，看到天黑了就折了一些树枝搭了一个帐篷。据她说，她是在睡梦中被大家的呼叫声喊醒的。

20
第二十节
Chapter20

我得了奇怪的“几何皮肤病”

小腿的皮下鼓起了一行，而且滑稽的是这鼓起的一行还会行走，在皮肤下来来回回地走出了一个正弦曲线。

[最危险的传染病]

在热带地区工作，一个颇令人担心的事情便是得黄热病、疟疾之类的热带疾病。黄热病与鼠疫和霍乱曾被并列为3种最危险的传染病。

黄热病是由蚊子传播的，开始时是寒颤和发烧，患者感到浑身虚弱、背痛、头痛、四肢酸痛，这些症状逐渐加重。最严重的情况下会发生呕吐——呕吐物因胃出血而发黑。两三天后发烧、寒颤和疼痛消退。

抵抗力强的患者疾病会就此结束，并且从此终生免疫。对于另外的人，则

（上）工作之余，努里格的研究者们有时会到小溪中游泳嬉戏。

（下）生态站的生活条件虽然有限，但我们还是过得充满乐趣。玛蒂尔德在切生日蛋糕。

在发烧和吐黑水再次发作之前只有两三天的轻松。然后患者的鼻子和牙床开始渗血，精神失常，昏迷、昏厥直至死亡。

1648年，黄热病在美洲最先传入了加勒比海的一些岛屿，所到之处尸横遍野。1664年它在圣卢西亚再次暴发，一处驻守着1500名士兵的要塞最后只有89人幸存。1668年，黄热病蔓延到了纽约，随后又进入波士顿、费城。18世纪，有35座美国城市遭受过黄热病的袭击，在19世纪的美国差不多每年都会发生这种流行病。1878年，黄热病在密西西比峡谷造成了灾难，感染者超过了12万人，至少有2万人死亡。

黄热病甚至在某种程度上改写了近代历史。由于殖民者贩卖黑人的活动猖獗，而携带病毒的非洲黑人频频被运往美洲。这样一来，那些对黄热病毫无所知的白人、印第安人和亚洲移民便很快被感染。

后果最为严重的一次是，美国当时的首都费城行政机构几乎瘫痪，医院挤满了前来就诊的市民。恰在这个时候，法国控制的海地爆发了黑奴起义。愤怒的拿破仑听到消息后立即决定派遣军队前去镇压。

出乎拿破仑意料的是，他的精锐部队却在多米尼加感染上了黄热病，导致27 000名士兵丧生，就连法军统帅也难逃厄运。摸不着头脑的拿破仑回天乏力，最后不得不忍痛把法国占领的路易斯安那卖给了美国。

在法属圭亚那，黄热病似乎消失了很多年了，而现代人相当熟悉的疟疾依然常见。一般短期到热带地区工作的人都会服用抗疟药，但这类药物的副作用相当大。事实上，在原始森林里感染疟疾的可能性远远小于在城市里。所以，我们这些长期在森林里工作的人一般都不服用药物，全凭上帝安排了！

[可怕的皮肤病]

还好，在我工作的一段时间里，努里格没有人得严重的热带疾病；当然，不严重的则是屡见不鲜。有一次，荷兰的博士研究生彼德莫名其妙地严重发烧，持续一周不退，被送到医院，但无论如何也查不出原因，后来也就不了了之。还有一次，一个叫马克的法国人腿上得了一种皮肤病，从病灶处开始腐烂，据说如果不治疗的话腐烂就会持续下去。马克连续21天打针，终于制止住了皮肤腐烂。

还有一种病很滑稽，据说它是一种蝇将卵产在蚊子体内，而蚊子在吸动物血的时候将蝇的卵转移到新寄主的皮肤里，于是卵便开始在那里发育成蛆虫。我们曾经见过一只幼鸟身体有两个地方感染了这种蛆虫，一只眼睛和一只翅膀根本没能发育，整个身体都变了形，可怜极了。

有一次，玛蒂尔德的脑袋上也感染了这种蛆虫，我们拿镊子小心翼翼地将几条虫子从她的头皮上钳出，其中的一条已经长到了足有半厘米长。我们好奇地在显微镜下仔细研究这种蛆虫，发现它们在脑袋上螺旋状地长着一圈钩子，这无疑是对在皮肤下生存、不被排斥掉的一种适应。

我也曾患过热带皮肤病，而且迄今也不知道它究竟是什么病。病症是小腿的皮下鼓起了一行，而且滑稽的是这鼓起的一行还会行走，在皮肤下来来回回地走出了一个正弦曲线。我想这大概不会叫做几何皮肤病吧。

好在我染病不久就回到巴黎，去皮肤病医院就诊，医生说可能是下水时感染的一种蠕虫。给我按体重开了一剂“毒药”，我没事儿，果然把蠕虫毒死了，现在腿上还有它留下的痕迹。

[丛林信件]

难忘的7个月

立新：

再过3天，努里格生态站就要暂时关闭了。生态站有个规定，如果同时工作的人少于3个，就不安排人员入驻，原因是安全没有保证。我已经在这里居住了整整7个月，收集了不少数据，也该回去整理一下，写点东西了。所以，下封给你的信，将发自巴黎的实验室。我马上就要回到文明社会了！

树义

11月8日

写于努里格

雨林里到处是绿色植物，郁郁葱葱，铺天盖地。但若仔细地观察，便可发现有明显的成层现象：上层是巨大乔木的树冠和喜阳光的攀缘植物，树梢最高可达60多米；中层是棕榈和可可等植物，枝杈间还悬贴着花卉鲜艳的附生植物；与人身高不相上下的大多是乔木的幼树，也有本身就很低矮的植物，果实金黄诱人；紧贴地面的多是禾本科草本植物，因为林下缺少阳光，这类植物并不发达，所以森林的地面显得很开阔。还有一些木质藤本，绵延数百米，从一棵树攀到另一棵树上，穿插在树冠的空隙中。

21
第二十一节
Chapter21

我的故事成了新闻

我感到自己连同自己的祖国一起被侮辱了!怒火不由在心中燃起，一场激烈的冲突大有一触即发之势……

[居住证风波]

在众多的来访者当中，一位《法属圭亚那》日报的女记者留给我的记忆最深刻，因为她写了一篇关于我在努里格生态站工作的文章，刊载在《法属圭亚那》日报的头版。

此事说起来话长。当年，我们这些在法国留学的中国学生生活中有一件比较麻烦的事，那便是每年一次到警察局续签居住证。由于一些来自不发达国家的人想方设法逗留在发达国家，所以在警察局签证处出入的大多是有色人种，办事过程也远远体会不到发达国家人与人之间的相互尊重。

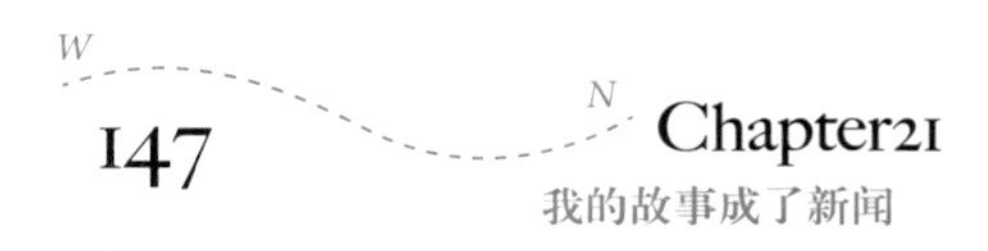

办一次一年的居住证要跑3次警察局：一次预约时间，一次办手续，一次取证，而且每次都要排长长的队。当时我很不理解，我们的奖学金都是4年的，而且有的奖学金还是法国政府提供的，为什么不能一次性地提供一个为期4年的居住证?

法属圭亚那是法国的海外省，遵循的法规与法国本土的一样。有一次，生态站在两天的时间里将有两次直升机进出，而我的居住证将要到期，于是我利用这一机会外出到卡宴，顺便办理居住证。

到警察局一打听，这地方更邪乎，外来人口的居住证办理时间按照亚非拉来源地被分配在一星期不同的日期。而当天不是中国人办理居住证的日子。我在卡宴只有一天的时间，哪能等到“中国日”。

于是，我去敲警察局局长的门。听到里面一声请进，我推开了门。谁知，还没等我看清里面是何许人也，就听到生硬的问话：“你是谁，进来干吗？今天不是给中国人办手续的日子。”

我循着声音望去，是个白人，坐在一张办公桌前，对面还有一个穿着裸露、不乏风骚的混血女郎。我意识到自己来得不是时候，也判断这不是个心善的家伙：鹰钩鼻子，阴沉的脸。但我也很硬气，说道：“先生，我的情况跟别人的不一样。”

他不容我继续往下说，便粗暴地打断我的话：“中国人的毛病就是多，没一个正常的。”我感受到自己连同自己的祖国一起被侮辱了！怒火不由在心中燃起，我一句话也不再说，用眼睛直盯着他，他也盛气凌人地盯着我。

一场激烈的冲突大有一触即发之势。就在这时，从外面走进一位女士，打破了我们的僵局。警察局局长也就势对她说：“劳驾你给这位先生看看，他究竟有什么需要。”于是，我把情况做了解释，随后便被请到门外等候。两个半小时后，才得到一纸简简单单的临时居住证，正式的居住证还要过一段时间才能来取。

[态度转变]

几个月后，《法属圭亚那》日报的一行记者前来生态站采访，其中一位女记者发现有一位中国留学生在妻子的陪伴下在生态站工作，大感兴趣，前来和我攀谈。于是，我们聊了不少事。最后，她问我有什么困难，或者什么事情她能帮上忙。我自然想起了办理居住证这件事，对她一五一十地说了。她很同情，也很生气，便写了一篇文章，连同我和我妻子的照片发表在《法属圭亚那》日报上：

“如果说在法属圭亚那见到几个中国人不足为奇的话，树义的出现可是值得特别的关注。他利用法中科技文化交流的机会来法国留学，师从沙教授研究热带雨林中的动植物协同进化关系。树义对热带雨林充满激情，创下了一次性在努里格居住时间最长的纪录，迄今为止已经发现了很多有科学价值的东西……然而，树义也会遇到困难，那便是每年一次的居住证办理手续，这些手续的办理从来就没有简单过。”

后来，我们的老朋友撒尼特先生得知我办居住证遇到困难并积极介入。在他陪同省长来努里格视察之际，到警察局将我的正式居住证取出，由省长本人交给了我。再后来，我们离开法属圭亚那的时候，我爱人的居住证又过期了，我们只得硬着头皮再次找到警察局局长办理临时居住证。这一次，还没等我们

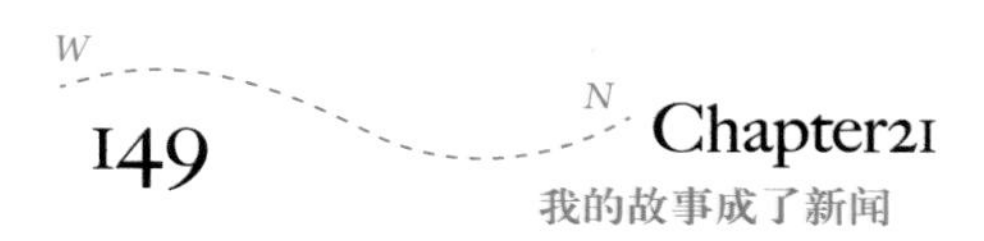

说话，警察局局长从抽屉里拿出那张刊载着我们故事和照片的报纸，解释说上次绝没有难为我们的意思。我也客套了几句，表示文章不是冲他本人去的。不过，这一次的办事效率高多了！

PORTRAIT

De la Chine aux Nouragues

我们的故事上了当地的报纸，采访我们的记者后来给我们帮了不少忙。

我们夫妻和撒尼特博士的合影。撒尼特是法国环境部长在法属圭亚那的代表，相当于法属圭亚那环境厅的厅长。在法属圭亚那期间，他对我们非常照顾。

生态站还在森林的树冠层搭起了空中索道。索道的一端是地面，另一端是搭建在树梢的平台。这些设备为研究树栖动物的行为，更为拍摄这些动物提供了极大的方方便。

22
第二十二节
Chapter22

一只小鸟把我当成妈妈

若我在房间里工作，它便守在一旁慢条斯理地梳羽毛。饿了便轻轻地叼我的脚趾或是狠命地扯我衣角，却不肯独自走去觅食。

[雏鸟]

在亚马孙的丛林生活中，最让我难以忘怀的是一只叫杜戈的鸟。

一天，我从丛林中回来，在离生态站很近的地方，发现地上有一只深色羽毛的小鸟。我不知道它是什么鸟，但从它的样子可以看出，这是一只羽翼未丰的雏鸟。

我想它的窝应该就在附近的大树上，可能是幼小好动的它急于窥探外面的世界，却不慎掉落到地上。我起初以为它的妈妈会继续喂养它，便不去打扰，

杜戈的学名叫绿背冠雉，在分类上属于凤冠雉科，仅分布于法属圭亚那原始森林的西部边缘。

杜戈吃了这种黄色的小花中毒，难受了很长时间。在自然界，母鸟会教小鸟什么东西能吃，什么东西不能吃，但杜戈缺少这种教育。

谁知它却挣扎起翅膀奔向我，尾随着我来到生态站。其实，在动物行为学上，这是本能的反应，小动物总是把遇到的第一个活动物体当作父母。

因为雏鸟和成年的鸟样子会有很大差别，所以我和我的同事都无法弄清楚这究竟是哪种鸟的幼雏。土著撒拉马干朋友以为它属于一种被他们称作杜戈的鸟，于是，我们给这小小的不速之客起名叫杜戈。

就这样，杜戈走进了我们的生活！

[杜戈]

幼年的杜戈既活泼又顽皮，每天在生态站里跑来跑去，哪里人多它就吧嗒吧嗒地凑到哪里。有时大家正在谈天说地，它会冷不防飞到一个人的脑袋上，却又站不稳，于是便摇摇摆摆在人头上跳起舞来。书桌、蚊帐和厨房里，到处都留下它歪歪扭扭的小脚印，我甚至担心它会冒冒失失地掉进饭锅里。

大伙儿也不知道杜戈究竟吃什么，便随心所欲地将自己所吃的一切都给它。它也不挑剔，米饭、面条、土豆泥、罐头玉米样样都吃，就差和我们一起喝咖啡了。

夜晚，为了避免它被蛇捕食，我将小杜戈关在悬空吊挂、四周封闭的铁笼子里。小家伙长得很快，不久便能飞到高处了，于是我给它换了个更大的、可以自由出入的“家”。

杜戈似乎很懂事，每天清晨轻轻地跳下来，一步一步绕到我和我爱人的蚊帐前，静静地守候。一旦蚊帐里稍有响动，便“喂儿喂儿”地叫起来，似乎在说：我来了，可不可以进去?

即便是在睡梦中，我们也舍不得拒绝这既顽皮又可爱的小家伙。听到我的呼唤，它马上低下头，将喙贴着木地板插到蚊帐下沿，左右晃动小脑袋，把蚊帐一点一点挑到颈背部。探着头东张西望一会儿之后，它便慢慢挪到我们身旁，撒娇似的依偎着，和我们一起睡个“回笼觉”。

日复一日，杜戈的乖巧为我们远离城市和现代文明的寂寞生活增添了许多乐趣。然而，这份宁静忽然在一个夜晚被打破了。

深夜，我在梦中被杜戈的尖叫声惊醒，随即听到它扑棱棱地飞进附近的丛林。等我跳下吊床去查看时，哪里还有小家伙的影子。我戴上最亮的头灯，沿着森林边缘大声地呼喊，希望它能朝灯光飞来。5分钟、10分钟、半个小时慢慢地挨过去，没有任何回音，灯光却突然罩住了一条蜿蜒移动的黑色大蛇。

我明白了，一定是它惊飞了杜戈！尽管杜戈此前从未见过蛇，但遗传的本能使它下意识地逃避天敌。我几乎要对这捣蛋的爬虫施以暴力！但更令我担心的是杜戈，它没进过森林，甚至极少飞到树上，茫茫黑夜中等待这个弱小生命的会是什么呢?

终于，挨到了天明，我又到森林边去寻找。这一次喊声刚刚出口，一条黑影倏地从林子里蹿到我跟前，是杜戈！

我差一点叫出声来。瞬间的喜悦抹去了一夜的疲惫，我弯腰将它捧在怀里，眼睛不由自主地湿了。

我的妻子立新与年幼的杜戈。

我们在生态站里过圣诞节，杜戈也来凑热闹。

杜戈长大以后，我们才知道它是一只绿背冠雉。绿背冠雉的成鸟约80厘米长，拖着潇洒的尾羽；深褐色的身躯点缀着乳白的斑点，在阳光下隐约反射着墨绿的光泽；颌下嵌着红红的嗉囊，看上去好像深色的晚礼服配着鲜艳的红领结。

还有一次，杜戈病了，原因是生态站里的一棵矮树开了许多小黄花，黄花有些甜，它便没节制地大吃起来。第二天，这可怜的家伙不停地呕吐，一整天不吃任何东西。我提心吊胆地陪着它，却又无计可施，只好听凭命运的摆布。它似乎也以为就要与我永别了，寸步不离我的帐篷。漫长的一天又一夜终于熬过去了，杜戈没有飞到另一个世界去，我高兴地把它放在手上荡来荡去，它也撒娇似的在地板上打转转。从此，它再也没碰过这种黄花。

大自然中，幼小的动物在跟随妈妈生活的过程中慢慢学习取食可吃的食物，杜戈错过了这一过程，没有培养出辨别食物的能力。其实，这也是为什么许多人工饲养的鸟兽很难再回到大自然中的一个重要原因。

我们喜爱杜戈，杜戈也眷恋我们。每每从森林归来，我时常会遇见在路边树墩上静候的机灵鬼。若我在房间里工作，它便守在一旁慢条斯理地梳羽毛。饿了便轻轻地叼我的脚趾或是狠命地扯我衣角，却不肯独自走去觅食。

我们有时也带它进森林，它真是乖极了。我们在前面走，它影子般地紧紧尾随着；我们停下来工作，它就在附近寻水果，找虫子，绝不离得太远。

第一次过河时，它有些害怕，我们走过了独木桥，它还留在对岸大声地叫着。我呼喊它的名字，故意继续向前走，小家伙急了，扇动翅膀扑拉拉地飞过了河，直扑到我面前。

逐渐地，杜戈长大了，长出长长的漂亮的尾羽，全身深褐色的羽毛饰有乳白色斑点，在阳光下能反射出墨绿色的光泽，颌下还长出一个红色嗉囊，我们这才知道它原来是一只绿背冠雉。

以前我们生态站附近曾有绿背冠雉出现，想来那应该就是杜戈的母亲，但当时我们都没有把它们联想到一起。

长大的杜戈也更调皮了。随我们一起去森林时不再乖乖地走回来，而是赖在地上不动，非要把它放在肩上扛回来不可。

清晨，我着急进森林跟踪猴群，它站在高处，似乎对我的忙忙碌碌无动于衷。可等我刚一踏进森林，便听见身后杜戈的大叫声；随即，一道黑影仿佛从天上降落到我面前。

我又急又气，担心它独自留在森林里会迷路，更担心它被云游四方的猛兽或蟒吃掉，不得不把它抱回大本营里安全的地方。可等我再一进森林，它又不

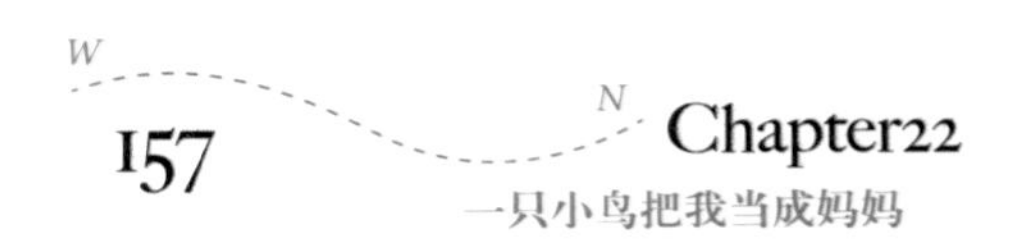

知从什么地方钻出来，“喂儿喂儿”地冲我叫着，让人哭笑不得！

说来也怪，杜戈似乎真有股人的灵气劲儿，除了我，它越来越不喜欢生态站里其他的男性。

见了新来的男同事，便追赶着叼人家的脚后跟。黑皮肤的戴斯牟和维牟十分喜欢杜戈，但它却绝不允许他俩靠前，恨得我大骂它是种族主义者。

尤其令人啼笑皆非的是，它爱偷看女孩子。生态站有个用木板条编筑的露天淋浴室，每每有女孩儿去洗澡，它便迫不及待地飞上去，站在浴室的高处居高临下地观瞧，惹得姑娘们大喊大叫，直拿我开玩笑。

[离别]

终于，考察结束了，我和立新也不得不同朝夕相处了8个月的杜戈分手。我真想将它带走，但知识和理智告诉我它属于这茫茫的热带雨林。

临行的那天，杜戈仍跟在我们身边玩耍；我们忙着收拾行李，无暇顾及它。不知什么时候，两只与它同类的鸟飞到附近的树枝上，不停地叫着。它们认识杜戈，似乎是在呼唤它。起初，杜戈有些紧张，抬着头紧张地朝上望。

渐渐地，熟悉的声音好像使它明白了什么，它飞上另一棵小树。于是，三只鸟的距离越来越近。一阵狂喜冲淡了几许离别的忧伤，我简直不相信这是事实，上帝多么会安排啊！我预感到这是杜戈重返大自然的最好契机。

杜戈瞧瞧两个同类，又看看我们；看看我们，又瞧瞧两个同类，似乎犹豫不决。生态站的同事也发现了这奇妙的事件，纷纷围过来观看，有的随即又转身去取照相机。两只鸟可能是被人们激烈的活动所干扰，并肩飞走了。杜戈没有随它们同去；然而，我们却不得不离开了。

后来，我们听说杜戈在我们离开的第三天终于飞走了，从此再也没有返回生态站。再后来，人们经常在生态站附近看见三只绿背冠雉，其中的一只不畏人，我想那一定是杜戈了。

我一直有一个心愿：希望有一天能再回到努里格生态站，看看杜戈是否还在，是否还能认出我来。

23
第二十三节
Chapter23

努里格人的科学研究

在科学研究方面，生态站紧紧把握国际上最先进的系统水平的宏观方向，同时，每个人也都有自己的兴趣点。

[禁区]

由于避免了一切外界的干扰和破坏，加之拥有现代化的野外研究设备，生态站建立后的10年中吸引了20多个国家的科研工作者前来从事热带生态学研究。同时，作为一个现代化的生态站，努里格的管理和科学研究也充满了新思想。

生态站是个禁区。经法国5位部长签字，以生态站为中心的1000多平方千米的原始森林被政府批准为国家自然保护区，非生态站同意任何人不得进入，甚至直升机也无权低空飞行。这样，保护区便有了真正的内涵。

生态站的科研人员也严格保持着热带雨林自然状态下的原始平衡：处理不掉的垃圾用直升机运回城市，绝对禁止狩猎和垂钓，采集植物和小型动物标本控制在最低限度，甚至工作人员在日常生活和工作中也尽可能保持肃静。

现代化的技术设备也为努里格的生活和工作提供了巨大的帮助：生态站从山里引来泉水，人们在生活区可以和在城市里一样做饭和洗澡；还安装了太阳能发电设备，科研人员不仅可以使用电灯、冰箱和计算机，甚至能够和世界各地通电话和传真，后来又有了电子邮件;. 初入丛林的人容易在森林中迷路，站里为每个人配备了步话机和无线电发射器，以便于相互联络和寻找丢失者。

[鸟芭蕾]

在科学研究方面，生态站紧紧把握国际上最先进的系统水平的宏观方向，同时，每个人也都有自己的兴趣点。经过几年的研究工作，一些颇有学术价值的自然现象和动物行为不断地在这里被发现。

狄埃黑博士通过细致的研究发现光照对红岩伞鸟婚场的选择和求偶炫耀行为的发生有直接影响，这是因为雌性总是在光照最适中时造访婚场，在这种光强下，雄鸟羽色的艳丽表现得最充分。这项研究获得了1992年法国青年科学家发现奖。

每天清晨和傍晚，十几只甚至几十只雄性红岩伞鸟聚在雨林里固定的几块被打扫得干干净净、被生态

像许多雌雄异形的鸟一样，红岩伞鸟有求偶炫耀行为。一位法国鸟博士在努里格研究发现，雌性红岩伞鸟总是在光照最适中时造访婚场；在这种光强下，雄鸟羽色的艳丽表现得最充分。

（左）伞鸟仅分布于南美洲热带地区，是拉丁美洲具有代表性的鸟类。

（右）侏儒鸟为小型森林鸟类，羽色以黑色为主，但在头部和脚部等处有红、蓝、黄等鲜明的色彩，尾羽形态多样。雄性侏儒鸟求偶的时候常用舞姿来吸引异性，有些种类在地面上清理出舞台，有些种类则在树枝或树叶上跳舞。

学者称之为“求偶场” 的空地上。 如果婚场附近没有雌性，雄鸟便栖息在树枝上，极有耐性地等待着，偶尔发出尖尖的叫声，仿佛是在呼唤雌性。

一旦有雌鸟前来造访，雄性则尖叫着争先恐后扑向空地，眼睛紧盯着雌性，一下下拍打翅膀，同时将冠羽缓缓地侧向雌性以便使其看清自己的轮廓和漂亮的羽毛。不知是担心雌性的注意力不够集中还是空地无法容纳所有的竞争者，雄鸟落地几秒钟后又飞跃起来，两只脚横抓住空地旁边小树的茎干，身体水平地悬挂着，眼睛依然盯着雌鸟；随即，又再次跳到空地上。

如此你来我往，频频地跳跃不停。雌鸟似乎不易被打动，漫不经心地在树枝上梳理羽毛，有时还会无缘无故地不辞而别，撇下一只只痴情的雄鸟。一般来说，雌鸟需要多次飞临婚场才能最终选中情鸟。

一旦有情鸟成为眷属，两只伞鸟便飞到秘密的地方“成家立业”。 红岩伞鸟的巢是以泥土混合草梗筑在石洞的内壁上，所以被称为红岩伞鸟。人类迄今为止尚不十分了解红岩伞鸟的婚配制度及其繁殖行为，比如说：雌性会光顾不同的婚场，还是始终使用同一个婚场？等等。

1993年，博士研究生居里安研究热带鸟类的“集团活动”行为，就是十几种不同的鸟长年松散地结合在一起生活。在废寝忘食的研究过程中，她有一次看到了奇迹，十几种，几十只大大小小的鸟聚在一块两平方米的地面上翩翩跳起“鸟芭蕾”，正如人们在神话中描述的“百鸟朝凤”的情景。这是人类首次观察到这种现象，而这种舞蹈行为正是解释鸟类“集团活动”行为的关键。

【丛林知识】

热带雨林有全球一半以上的物种

热带雨林有世界一半以上的物种，是地球上生物多样性最丰富的地区。据统计，热带森林仅占地球面积的7%，但包含了全世界一半以上的物种。导致热带地区物种丰富的原因有如下几个方面：

第一，在地质时期，热带比温带具有更稳定的气候，因此热带物种更容易扩散和繁衍；而温带不时遭受冰川的袭击，因此大量物种夭折。

第二，由于热带群落比温带群落古老，因此有更长的时间演化出更多的新种。

第三，热带地区的气候具有更强的容纳性，因为温带地区的种类必须对寒冷产生忍抗机理，或者对动物来说产生特化的习性如蛰伏、冬眠、迁徙等。

第四，热带不容易形成优势种，因此物种之间的容忍性大。由于热带有来自有害生物、寄生虫和病毒的极大压力，每一物种都很难形成排挤其他物种的单一优势种，因此有利于多数物种的共同存在。

努里格安装了太阳能发电设备。科研人员不仅可以使用电灯、冰箱和计算机，甚至能够和世界各地通电话和传真；后来又有了电子邮件。现代化的技术设备为生活和工作提供了巨大的帮助。

24

第二十四节

Chapter24

棕色卷尾猴
行为生态的新发现

我通过对棕色卷尾猴连续的观察，发现它们根据水果的产量和分布状况同时采用这两种对策……

[水果的影响]

在将近两年的研究中，我在关于棕色卷尾猴的行为生态方面有两大发现：第一是其摄食行为的调整对策；第二是它们对睡眠地点的选择。

以往，行为生态学家们发现，在灵长类动物中存在着两种截然相反的领域利用行为模式：一种是食物稀少季节，动物的活动范围和每天的移动距离增加，以保证获得足够的营养；另一种是食物短缺时活动范围减少且移动距离缩小，以减少能量的消耗。

而我通过对棕色卷尾猴连续的观察，发现它们根据水果的产量和分布状况同时采用这两种对策：水果稀少且呈斑块状分布时，卷尾猴取食较多的叶子以弥补水果的不足，它们限制每天的移动距离并使其活动局限于可食用水果集中的地方。

这是因为水果资源呈斑块状分布，这些食物的获得和移动的距离没有必然的联系，而能量的消耗却始终和移动的距离成正比。

当水果为中等产量且均匀分布时，卷尾猴比水果稀少时每天的移动距离大得多。因为这时能够被卷尾猴取食的水果散布于森林的各个地方，这些食物的获得量和移动的距离成正比。所以从水果获得的营养和能量促使卷尾猴在这个阶段每天保持长距离的移动和拥有大的活动范围。

水果充足阶段，这些食物遍布森林，从水果获得的营养和能量可以在小的范围内通过很短的移动距离得到满足，这就解释了为什么这一阶段卷尾猴季节性活动范围小且每天的移动距离短的原因。

[睡眠的研究]

在研究卷尾猴睡眠行为时，我使用夜光望远镜观察动物的睡眠行为，使用攀登平台的技术测量卷尾猴睡眠地点的物理特性。生态站在森林的树冠层搭起了空中索道和平台，其中平台是尤其方便的野外研究设备。它几乎能够搭在任何一棵高树上，人可以凭借绳索和特殊的攀登器具爬到树梢上，为研究树栖动物的行为，更为拍摄这些动物提供了极大的方便。攀登平台的技术就是利用绳索和攀缘设备爬到树梢上。

棕色卷尾猴偶尔也吃一些花，想必是花蜜很甜。

棕色卷尾猴平素集群生活，十几只构成一个家族群，由成年雄性率领。家族群内部有一定的等级关系：同性个体间的等级一般决定于年龄的大小，同龄的两性个体中雌性往往受制于雄性。 雄性猴王在吃东西的时候，只有它的妻妾或幼子可以分一杯羹。

当然，这说起来容易，做起来可就难了，其中最大的困难是如何将绳索穿过树梢。我们通常是用一种特制的枪或弹弓，拴上一根细绳，对准树梢的位置射出去。一次往往不能奏效，有时箭或子弹也不知飞到何处去了。一旦细的线绳越过合适的树杈，事情便成功了一半。

细线绳带着粗一点的绳索跃上树梢，粗一点的绳索再带动拇指粗的尼龙绳跃过树梢，最后将尼龙绳的一端牢牢固定住，沿着另一端攀缘。

这攀缘设备也颇有学问，它是将一套器具绑在身上，并固定在绳索上，器具上有两条细绳可供使用者伸腿站立。攀缘时，两腿一伸，身体便带动器具上移；随后，自身的重量将器具锁定在尼龙绳上，使得自己可以曲腿，再次站立。如此反复，人便像尺蠖一样攀上了树梢。

下的时候则更刺激，换上另一件滑轮一样的小东西，让绳索从其中穿过，以手控制绳索与滑轮之间的摩擦力便可以掌握自己下来的速度。

我的研究发现，卷尾猴的睡眠地点集中在领域的中央，因为它们对这个区域熟悉，且这里没有同类竞争者。

另外卷尾猴喜爱在棕榈的叶子上睡眠，其中有3个原因：安全，舒适，成员之间可以保持接触。安全是因为棕榈叶有弹性，树栖猫科动物或蟒袭击时会引起棕榈叶的震颤而惊醒卷尾猴；舒适是因为棕榈叶构成了一个相对宽大的平面；除棕榈叶外，在森林的树冠层很难找到类似的可以允许几个个体睡在一起的地方。

攀缘设备是将一套器具绑在身上，并固定在绳索上，器具上有两条细绳可供使用者伸腿站立。攀缘时，两腿一伸，身体便带动器具上移；随后，自身的重量将器具锁定在尼龙绳上，使得自己可以曲腿，再次站立。如此反复，人便像尺蠖一样攀上了树梢。下的时候则更刺激，换上另一件滑轮一样的小东西，让绳索从其中穿过，以手控制绳索与滑轮之间的摩擦力便可以掌握自己下来的速度。

【丛林知识】

亚马孙热带雨林占地球热带雨林总面积的一半

亚马孙平原北起圭亚那高位平原，南止于巴西的马托格索，东边与大西洋相接，西边延伸至玻利维亚、秘鲁、哥伦比亚和委内瑞拉，面积大约为650万平方千米。

毫无疑问，亚马孙平原是世界上最大的热带雨林区，占地球上热带雨林总面积的50％，达650万平方千米，其中有480万平方千米在巴西境内。这里自然资源丰富，物种繁多，生态环境与生物多样性保存完好。据估计，亚马孙森林已经存在了至少1亿年之久。

这片雨林地处赤道附近，气候炎热潮湿，雨量充沛，年平均温度在25~27℃，年降水量1500~3000毫米。这样的气候条件极适合热带植物的生长，茂密的林海郁郁葱葱，覆盖了整个地区，而且植物的生长期接连不断，没有固定的落叶季节，所以森林永远是青葱翠绿。

25
第二十五节
Chapter25

植物的繁殖计谋

可以通俗地说，花的美丽和芬芳不是为了装扮大自然，而是给自己做广告。

[相互依赖]

地球上所有的物种都是在过去的35亿年间产生、繁衍和进化的，其中一些物种之间在进化过程中是相互作用的。也正是这些相互作用，使我们今天看到的自然界不仅是一个个彼此独立的物种，而且是植物间的相生相克，动物间的食物链关系，植物与动物间相互利用等诸多行为和现象。

可以说，要想真正了解一个物种，研究该物种与其周围物种间的相互作用和研究这一物种自身的生命史同等重要。随着生态学的发展，人们已经在不同程度上理解了物种间的相互作用对一个物种的生命史、形态、大小、行为乃至种群动态的影响。

然而，物种间相互作用的总体进化模式，诸如一种生物如何从进化的角度对其他物种的作用作出反应，或者物种之间的相互作用如何随进化时间的改变而调整，却常常被忽视。

同时，自然界中一些物种之间起初对立的相互关系随着进化的历程演变为互利的关系，这方面的例子不胜枚举，其中植物与传粉或传播种子的动物之间的关系最能说明问题。取食植物的孢子曾经是陆生昆虫最早的生活习性之一，而且早期为被子植物提供传粉作用的昆虫取食花粉、子房以及花的其他部分甚至种子。

这种范围广泛的相互作用对植物来说无疑是有害的。因此，被子植物的心皮极有可能是为了防御花的光顾者而产生。正是这种对立的关系为自然选择提供了起作用的机会，经过漫长的物竞天择，对花损害程度轻的昆虫以及产生了自我保护对策的植物被保留下来。

逐渐地，植物进化出分泌花蜜的功能，这进一步降低了动物的介入给植物造成的损失，而动物为植物带来的利益便因此显得更为突出。同样，研究一下取食种子的脊椎动物对种子的取食和传播，就会更好地理解对立与互利的关系。可以说，这些植物之所以能够一代代地延续，是因为它们进化出了保护种子的机制。

如果在一个相当大的范围内一年只产少量的种子，那么很可能绝大多数种子都会被取食种子的动物或寄生虫吃掉；相反，如果产生大量的种子，相当的一部分就会逃避动物的取食而继续存活下来。

更进一步，如果食种子的动物不得不在食物多的季节为顺利度过食物少的季节而储存食物时，部分被储存的种子就有可能被动物遗忘，或者在动物尚未

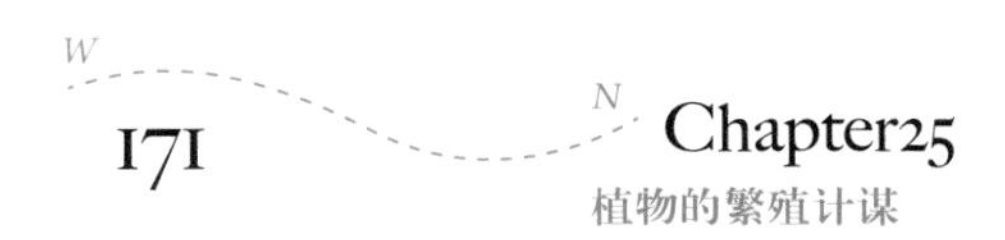

取食之前就已发芽了。

人们常慨叹自然界花的绚丽，果的香甜。现在可以理解了：它们既非上帝的杰作，也不是偶然的产物，而是动植物协同进化的结果。

在温带地区，许多植物的花往往是黄色、白色、紫色或蓝色，因为这里的昆虫对鲜红色辨别力较差。而在热带，很多花则是红色，因为这些地方的蝶类和蜂鸟善于辨别这种鲜艳的颜色。

对于这些虫媒花植物来说，传粉是靠昆虫和蜂鸟实现的。动物在寻花采蜜的时候，身体粘上花粉，拜访其他花朵时先前的花粉就撒落在后者的柱头上，为植物完成了授粉作用。在这一过程中，昆虫得到食物，花得以授粉，动物与植物彼此受益，相得益彰。

这种相互依赖的关系有时甚至协同进化出令人惊讶的现象，动植物的一方仿佛完全是为了适应另一方而存在，如蝴蝶的口器刚好适合兰花的唇瓣，一些花筒的长度和形状恰巧与采蜜蜂鸟的喙相吻合。

[协同进化]

我们不妨看看两个传粉动物与植物协同进化的实例。

在亚马孙热带雨林中，蜂鸟是许多种植物的传粉者。蜂鸟的喙大致可分为两种类型：长而弯曲型和短而直型。第一种类型适于在略微弯曲的长筒状花中采蜜，这一类花分布广泛且产蜜量高；第二种类型适于在短小笔直的短筒状花中采蜜，这一类花分泌的花蜜一般较少，而且它们也经常吸引许多传粉的昆虫。尽管长喙蜂鸟也可以取食短筒花中的蜜，但它们一般更偏爱长筒花，而且在短筒花附近，它们往往受到其他短喙鸟类的驱赶。

蜂鸟飞行速度快，可以长距离地飞来飞去取食那些不能被短喙蜂鸟利用的花蜜。有趣的是，依靠蜂鸟传粉的植物几乎分泌同等数量的花蜜，这也许是因为蜂鸟不屑光顾那些产蜜量不高的花。有些依赖蜂鸟传粉的花可能与蜂鸟密切地协同进化。生态站附近的裸山上长着一种凤梨科草本植物，花柄高高挺立，花为深红色，形状像个又尖又细的笔帽，粗细刚好能容纳蜂鸟的喙。每每看到蜂鸟将长长的喙毫无保留地插入花筒，尽情地吸食花蜜，我甚至担心倘若喙插得太紧拔不出来该如何是好。后来看到它们灵巧自如地飞来飞去，我暗笑自己是杞人忧天。

新大陆热带雨林中很多兰花完全依赖某一类蜜蜂传播花粉。兰花不分泌花蜜，但可以从花瓣分泌细胞中释放香气。雄性蜜蜂落在分泌区沐浴香气的混合物，并带到巢室中储存甚至发生化学反应。

科学家经过研究揭示，这种香气被用作雄蜂触角腺分泌的复杂激素的生化先遣物，而雄蜂分泌的激素本身则用于吸引雌性。每次进入和离开兰花时，雄蜂落在唇瓣上，头部恰好触到花粉块基部的粘盘上；离开花朵时，便携带着一团胶状物和黏附其上的花粉块。至另一朵花采蜜时，花粉块恰好又触到有黏液的柱头上，于是为兰花完成了授粉作用。颇为有趣的是，这些兰花对传粉动物的要求极其细致，体型过大和过小的蜜蜂种类都不适合兰花的形状，因而不能触及其生殖器官。更耐人寻味的是，不同种类的兰花分泌不同类型的香气，而不同种类的蜜蜂选择不同的香型，因此，生活在同一区域的兰花各自吸引与其相对应的蜜蜂。所以，动植物协调互利的现象也普遍存在于水果中。热带雨林里盛产各种颜色的野果，而黄色水果尤其为许多树栖灵长类动物所偏爱。最近的研究表明，南美洲许多以水果为食的灵长类动物的

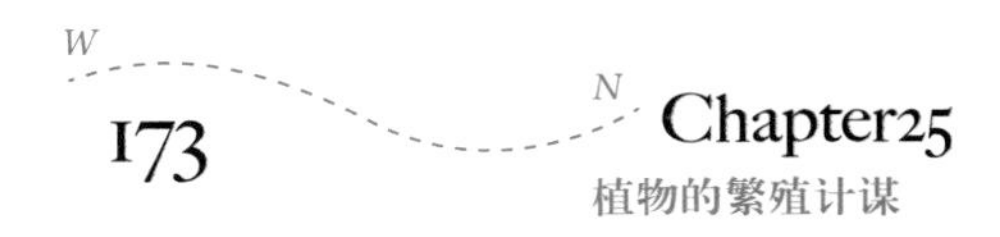

雨林里很多树木具有茎花现象，或者叫茎生花，就是花朵和花序直接发育于木本植物主干及主要分枝上。茎花现象存在于植物界的多个科和属，分布地域也较为广阔，但最为普遍的还是在热带雨林。

植物花枝招展，其实是有目的的——吸引动物为其传播花粉。

兰花小巧玲珑，形态多样。有的小巧，像一串晶莹的绿珍珠；有的舒展，仿佛飞燕张开的金翅膀。这一种兰花大片地生长在湿润的沙地上，远远地就可以闻到它那浓郁的芳香。

视觉系统对黄色特别敏感。

人们迄今对这一现象的生理机制尚不十分清楚，但却已理解了这一特性在动物生存适应上的含义：它使动物更容易发现点缀在绿叶中的黄色水果。于是，种子随动物移动到新的地方，植物种群也因此得以扩展到新的空间。所以，我们说，动物和植物的这些生理特点都不是偶然的产物，而是彼此协同进化的结果。

植物的果实成熟以后，它的颜色、气味和味道就会变得特别诱人，仿佛给自己打出“快来吃我”的广告。当动物前来采食的同时，植物的种子就被它们吞进肚子里，随后被携带和传播到远方。

水果的气味变化也遵循同样的道理。果肉未成熟时苦涩无味，一旦成熟就会发出香气。浓烈的气味吸引来棉袋鼠和蜜熊等夜行性动物，它们也是种子的义务传播者。

野生的马蹄莲。

在亚马孙热带雨林，许多种蝙蝠以水果为食，它们凭借嗅觉寻找美味佳肴。这些飞行的哺乳动物代谢率极高，它们经常取食聚花果并随后在飞行中将尚未消

一只螳螂守候在花朵上。有的动物拟态是为了保护自己免于被天敌发现，有的动物则是隐蔽自己便于捕猎其他动物。

化的微小的种子排泄出来，于是，天空便下起一片“种子雨”。

谈到味道，就更有趣了，说来也怪，自然界一些灵长类动物的口味与人的很相似。在跟踪卷尾猴时，我就经常吃它们丢下来的水果，这些果通常很甜，美中不足的是果肉少。

有几次，卷尾猴竟带我来到一大片野菠萝地，远远就闻到浓郁的香气。每到这时，我便不客气地和猴子们一同野餐。因为日久生活在一起，卷尾猴们对我不再有太多的戒心，有时反倒是当我的面为了一两口菠萝追来打去，我也不知道该如何为它们劝架。

【丛林知识】

热带雨林是巨大的基因库

雨林还是巨大的基因库，地球上约1000万个物种中，有200万~400万种都生存于热带和亚热带森林中。亚马孙热带雨林中每平方千米不同种类的植物达1200多种，地球上动植物的1/5都生长在这里。然而，由于热带雨林的砍伐，那里每天都至少要消失一个物种。在未来的几十年里，随着热带雨林的减少，至少将有数以十万计的动物植物物种灭绝。雨林基因库的丧失将成为人类最大的损失之一。

我隐藏在树丛中观察一群猴子，其中一只突然发现了我。它惊愕的表情与人类多么相似！

26
第二十六节
Chapter26

动物与植物
协同进化

大自然就是这样随着生命的进化将自身编织成一张错综复杂的网，所有的环节都是直接或间接地相关联。

[植物的骗术]

动物有多种多样的适应生存的行为。比如说，美洲豹常在池塘边伏击猎物，因为它们知道鹿或者其他小动物会来喝水；美洲小野猪听到地上“咚”的一响，便会赶忙凑过去，因为它们也知道树上又掉下来一个可口的大水果。

我的关于棕色卷尾猴的研究发现，这些动物能根据森林里可食用水果的数量变化迅速调整食谱以适应环境，等等。然而，生态学家通过研究发现，植物也有诸多的适应生存的行为，虽然与动物的相比，这些对策不那么引人注目，但它们却同样巧妙和富有情趣。这里，我们来看一看植物如何“摆布”其种子

动物与植物相互依赖的关系有时甚至协同进化出令人惊讶的现象，动植物的一方仿佛完全是为了适应另一方而存在，如蝴蝶的口器刚好适合花的唇瓣。

蜂鸟身材娇小，以花蜜为食，有善于吸吮花蜜的长嘴巴。它们的喙进化成细长的管状，不少种类的喙长超过体长。一些种类的喙甚至进化为长且弯曲的形状，以利于伸进花筒。

传播者。

雨林里许多水果的种子呈梭形，外被光滑的果肉，果肉与种子紧紧连在一起，这样，种子便会在动物吮食果肉时顺口“钻”进后者的肚子。对动物来说，这些种子是果肉的“污染物”，因为它们不能给动物提供任何营养和能量；但对植物来说，种子被动物吞下并带到新地方是它们传宗接代和种群扩展的途径，而果肉不过是吸引动物的诱饵罢了。

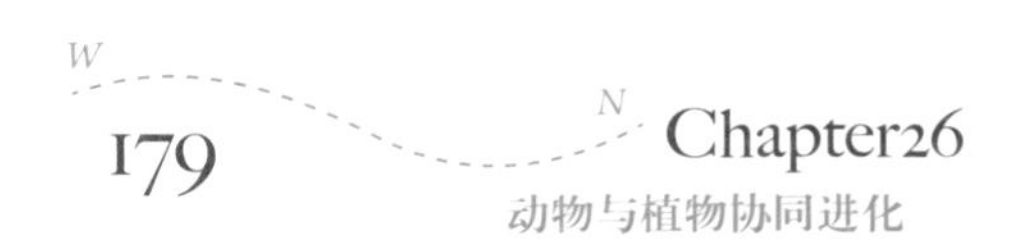

同样是为了吸引动物传播种子，有的植物甚至进化出骗术。雨林里有一种高大的豆科植物，荚果成熟时开裂，红黑相间的种子暴露在外，在阳光下特别醒目。远处的鸟以为这是可口的水果，飞过来叼走，待它意识到被欺骗而将种子丢弃时，后者已被移到几十米以外的地方了。

还有更高明的骗术：我的法国同事、研究灵长类食性的国际权威拉迪克教授在产自非洲丛林的一些水果中发现了假糖，这些假糖的化学成分原本是蛋白质，但吃起来却有甜味。他认为这也是植物吸引动物传播种子的招数，因为很多灵长类动物都喜欢吃有甜味的水果。

[大自然的安排]

雨林里有形形色色的干果，其果实和种子都是无臭无味的，但这些没有招摇撞骗手腕的种子仍会遇到好心的传播者——啮齿类动物和蚂蚁。我们都知道，在温带地区，松鼠和花鼠

花开了，大大小小的鸟都来吃花蜜，并充当传粉者。

毛毛虫用艳丽的色彩警告敌人：我是有毒的！

一天，我正在森林里拍摄一株小巧玲珑的兰花，忽然隐约感觉树枝上的一块苔藓在蠕动，定神一看，原来是只奇形怪状的同翅目昆虫。它深绿的体色和粗糙不平的体表使得它与周围的苔藓俨然融为一体，倘若静止不动，再锐利的眼睛恐怕也难以发现它。

在秋天有贮藏食物的习性，那是为越冬作准备。

在热带地区，这一类动物也有相同的习性，因为这里虽没有秋冬之分，但也的确有食物稀少的季节。于是，这些小机灵便在果实丰富时将种子埋到地下备荒。不料，这些植物早已进化出相应的对策，种子一旦遇到合适的环境会很快生根发芽。在努里格，一位摄像师就拍到了非常戏剧性的一幕：一只刺鼠将一个硕大的种子埋在树根下，过了一段时间，等它再来寻找口粮的时候，种子已经发育成数十厘米高的小苗。

更鲜为人知的是，一类树栖的蚂蚁也摄食种子，这些蚂蚁的巢是用泥贴在树干的凹陷处筑成的。它们将四处寻找到的种子辛辛苦苦地运到巢穴中，一些种子一入巢便悄然而快速地萌发。于是，日久天长，蚁穴周围长出了一株又一株的植物，光秃秃的蚁穴也摇身一变，成了生机勃勃的“蚂蚁花园”。

在整个地球的热带雨林里，大约70%的植物依靠动物传播种子。一位美国热带生态学者曾系统地研究了南美热带雨林里水果的大小、颜色与其种子传播者的关系，他发现雨林里的水果可以分成两大类：体积小的红色的水果和体积大的黄色的水果。前者的种子传播者是鸟类，后者的种子传播者是哺乳类。

另一位法国同事深入地研究了吼猴的领域利用行为与植物演替的关系，发现吼猴经常睡眠的区域幼龄植被结构明显与其他地方不同；在那里，水果被吼猴取食的植物种类的幼苗明显地密集。

这一现象很容易理解，吼猴食量大，又不经常移动，于是，许多被吞下的种子被排泄到同一个区域，种子随后发育成小苗。几十年后，这一小块森林的结构就会稍微区别于邻近的一片，这也就解释了为什么原始热带雨林的植被分布不十分均匀，而是或多或少地呈斑块状。

大自然就是这样随着生命的进化将自身编织成一张错综复杂的网，所有的环节都是直接或间接地相关联。不仅动物与动物之间存在着食物链关系，植物与植物之间有相生和相克，动物和植物也是相互依赖，协同进化。它似乎为每一个物种都做了精心的安排！大自然真是绝妙的诗、醉人的梦、神奇的谜、古朴的大花园！

【丛林知识】

热带雨林是地球之肺

有人做过形象的比喻：热带雨林像一个巨大的吞吐机，每年吞噬全球排放的大量二氧化碳，又制造大量的氧气，亚马孙热带雨林由此被誉为“地球之肺”。

如果亚马孙的森林被砍伐殆尽，地球上维持人类生存的氧气将减少1/3。热带雨林又像一个巨大的抽水机，从土壤中吸取大量的水分，再通过蒸腾作用，把水分散发到空气中。另外，森林土壤有良好的渗透性，能吸收和滞留大量的降水。亚马孙热带雨林储蓄的淡水占地表淡水总量的23％。森林的过度砍伐会使土壤侵蚀、土质沙化，引起水土流失。

以我的名字命名的树义瀑布。生态站的同事在这张照片上签名留念。

27
第二十七节
Chapter27

我有一个希望

我有一个希望！

这个希望缘自1996年在美国参观芝加哥野生动物公园。这个野生动物公园，有一个热带世界。我原以为那不过是许多都市里都有的大型温室，里面种着一些热带的花花草草而已。

跨进热带世界的小柴门，立刻听见哗哗的瀑布声，是一道水帘。绕过水帘，里面竟然是热带森林的微缩景观！第一间恰好是南美丛林，人工制作的山、水、林、藤和真正的花草树木巧妙完美地搭配在一起，与四周墙壁上大自然的巨幅照片浑然一体，真可谓巧夺天工。在这个小世界里，有卷尾猴和蜘蛛猴，有长着一副滑稽面孔的南美貘，有专吃蚂蚁和白蚁的大食蚁兽，还有熟悉的鸟在飞来飞去。距离游人最近的是栖息在树枝和平台上的一对金色狮面狨和一只树懒。狮面狨之所以有这么一个名字，是因为这种小型灵长类动物的脸上长着向四周张开的长长的毛发，颇像雄性狮子的头。而金色狮面狨是狮面狨的一个亚种，通体呈金黄色，光彩夺目。那只树懒和南美丛林中的同类一样，无

我与妻子在我留学的地方——法国国家科研中心生态学实验室。

所事事地挂在树枝上一动不动。

我正兴致勃勃地观察和拍照，忽听“咔咔”几记清脆的“雷声”，紧接着瓢泼大雨从“天”而降。原来，热带世界还配备了人工模拟的雷和雨，其惟妙惟肖足以乱真。“大雨”一下，动物们更活泼了，两只金色狮面狨活泼地跑来跑去，其中的一只大概是太兴奋了，竟调皮地跳到树懒身后，在对方的后背上接二连三地抓挠起来，似乎是在唤醒树懒，也可能是嘲笑它的懒惰。树懒吓了一跳，慢慢扭过头，看了看捣蛋的狮面狨，似乎很不高兴，懒散地挪动了几下身躯便又接着做它的美梦。蜘蛛猴也抖擞起精神，沿着婀娜的“藤”上蹿下跳，荡来荡去。

再后来，在加拿大的蒙特利尔、马来西亚的吉隆坡，我都见过诸如此类的微缩景观。而且，这些景点有两个共同的特点：参观的人络绎不绝，有专业人员介绍知识。想到如下因素，也就理解了。

在当今世界，人们对异国他乡的东西越来越感兴趣，但大多数人又没有办法到遥远的国度去领略原汁原味的风光，看一下微缩的景观毕竟也可窥豹于一斑，过过瘾了。

坦白地讲，这些年，我走遍国内大部分动物园和野生动物公园，但真正令我感到满意的几乎没有，建设和管理不尽如人意的倒比比皆是。这些动物园普遍有两个特点：第一是脏，很远就能嗅出动物的味道；好的动物园应该如同花园一样。第二是对动物的虐待，至少说是不尊重。一些需要很大生存空间的动物，例如老虎和狮子，被关在狭小的笼子里；一些草食动物与它们的天敌被安排成邻居，中间只隔着一道稀疏的铁丝网。前者可能吓也要被吓死，后者则可能馋也要被馋死。这么多动物园就没见到一个把动物的行为、野生动物迁地保护、人与自然的关系、儿童德育教育等既现代而又与动物园息息相关的题目有机地结合起来。究其原因，国内目前的动物园，尤其是野生动物公园数量太多，然而它们大同小异，很少有创意。我想，如果有一天哪一个企业想兴建一个以亚马孙为主题的游乐场所，就一定要有科学性，让游人，尤其是青少年，能在游玩的过程中学到很多知识，寓教于乐。

我有一个希望：希望有朝一日能在国内见到一个科学的、真实的亚马孙微缩景观。

后记

Afterword

改变命运的探险之旅

写书的目的是为了让人读，而且作者很在意读者的感觉。生活在网络时代，很容易便能查到读者对《探秘亚马孙》（原名《野性亚马孙》）的评语。

网名叫“北海365”的读者写道：“《探秘亚马孙》所展示的亚马孙雨林是一个散发着无限魅力的世界，让人看了不自禁地就向往起它！理性中，那是一个充满了危险和不可预知的恐怖地方，但也是一个充满诱惑的美妙地方！尤其是对于一个喜欢大自然的人，那书中的世界，轻易就可点燃他梦想的火焰！想想，假如自己能在那样的一个世界呆上一段时间，好好体味一下跟目前截然不同的生活，那种滋味，又该是怎样的？即使只是作为白日梦，在枯燥无味的生活之余，感觉一下梦想燃烧的激情，那也是人生一大乐事，是最好的心理调节！这本书并不深奥，也没有什么说教，只是淡淡地述说曾经的经历，聊聊雨林里可爱或可怕的生物。这样的书，最适合在夜里静静地欣赏，慢慢地体会！”

网名叫“故园无此声”的读者写了一篇《爱上亚马孙》的推荐性文章：“我给朋友们介绍一本有关自然的书！这是一个中国科学家在亚马孙雨林的考察笔记。虽没有华丽的辞藻，但朴素的语言，给我们述说了一个美妙的世界！亚马孙雨林，那是一个充满神奇色彩的地方。那是动植物的天堂，对人类来说，充满了许多不可知的神秘与诱惑，走进它，是许多探险家和科学家的梦想！走进《探秘亚马孙》，就仿如走进了亚马孙，它掀开了亚马孙神秘面纱的一角，让你窥见那个充满了活力与独特魅力的世界。喜欢大自然的朋友，翻开这本书，它就能轻易地点燃你心中对亚马孙的向往与激情！”

在所有的评论中，我还是最喜欢我的博士研究生张劲硕写的题为《改变我命运的〈探秘亚马孙〉》的文章：“1997年，《科学时报》以《来自努里格生态站的报告》为题，连载了张树义老师的野外考察故事。这些文章，磁铁般深深地吸引了我！毫不夸张地讲，它改变了我的命运和人生坐标。我自幼喜爱动物，喜欢阅读这些动物学家的考察散记，也盼望自己能像他们一样翻山越岭、跋山涉水，大江南北无所不至，研究野生动物，保护野生动物。当时给我的震撼是，我们中国人自己也有在生物多样性最丰富的地区从事研究的科学家，并且取得了这么丰富而有趣的成果。我从中获得了诸多新知，比如动植物间的协同进化是怎么一回事、动植物在演化过程中是如何实施最优生存策略的、什么是动物之间的博弈等等，众多前所未闻的新鲜事物如醍醐灌顶般不断涌入我的脑海中。我读到这些生动的故事，感到自己宛若身临其境，跟随科学家一道探秘一个未知的世界，极大地激发了我投身这一科学事业的热情，坚定了我为此奋斗一生的决心。当这一系列的文章刊载完毕，我毫不犹豫地给张树义老师写了一封长信。当时只是想抒发感情，没有指望一位忙碌的教授会给我回音。但信寄出没多久，我便收到了张老师的回复，不仅耐心地回答了我的问题，还鼓励我考上大学甚至研究生，今后也从事野生动物研究与保护工作。于是，在大一的时候，我便加入了张老师的研究团队，与张老师及其研究生跑野外、钻山洞、寻蝙蝠，在这支队伍中我得到了极大的锻炼。后来，我又考上张老师的硕

博连读生，继续追随他研究蝙蝠至今。毋庸置疑，当年的亚马孙文章，是促使我改变人生和命运的原动力。”劲硕是一位优秀的博士研究生，我们2007年一起在美国的《兽类学杂志》发表了一篇关于蝙蝠新物种——北京宽耳蝠的文章。我真的希望《探秘亚马孙》能启蒙出更多优秀的动物学者和环保人士。

《探秘亚马孙》（原名《野性亚马孙》）获得了2006年国家科学技术进步二等奖，评语这样写道：“《探秘亚马孙》是国内第一本系统介绍南美洲亚马孙热带原始森林，以及野生动物和植物协同进化的科普图书。该书将科学考察与科普创作有机结合，具有鲜明的特色和创新性，图书的出版与发行有助于激发青少年热爱科学保护自然的热情，对我国科学技术的普及与发展，具有积极的推动作用。”我感激这样高的评价，也真的盼望这本书能被读者喜欢。

希望热带雨林永远不要被破坏，永远是野生动物的天堂。